工程测量实践指导

主　编　王建雄
副主编　周利军
主　审　杨志强

黄 河 水 利 出 版 社
·郑 州·

图书在版编目(CIP)数据

工程测量实践指导/王建雄主编. —郑州:黄河水利出版社,2014.8

ISBN 978-7-5509-0871-0

Ⅰ.①工… Ⅱ.①王… Ⅲ.①工程测量-高等学校-教学参考资料 Ⅳ.①TB22

中国版本图书馆 CIP 数据核字(2014)第 191352 号

组稿编辑:李洪良 电话:0371-66026352 E-mail:hongliang0013@163.com

出 版 社:黄河水利出版社

地址:河南省郑州市顺河路黄委会综合楼 14 层　　邮政编码:450003

发行单位:黄河水利出版社

发行部电话:0371-66026940、66020550、66028024、66022620(传真)

E-mail:hhslcbs@126.com

承印单位:河南地质彩色印刷厂

开本:787 mm×1 092 mm 1/16

印张:5.75

字数:132 千字　　印数:1—3 100

版次:2014 年 8 月第 1 版　　印次:2014 年 8 月第 1 次印刷

定价:12.00 元

编写人员

主　编　王建雄(云南农业大学)

副主编　周利军(绥化学院)

主　审　杨志强(长安大学)

参加编写人员　李浩宇(绥化学院)
何春香(云南农业大学)
陈劲松(云南农业大学)
杨雪银(西南林业大学)
刁建鹏(西南林业大学)
刘丽丽(西南林业大学)
夏永华(昆明理工大学)
陈鸿兴(昆明理工大学)

前　言

《工程测量实践指导》是与工程测量基本教材相配套的辅助教材，旨在帮助学生巩固课堂所学知识，培养学生分析问题和解决问题的能力，训练学生野外实际测量作业的基本技能，提高工程测量课程的教学质量。全书共分四个部分：第一部分是测量实验须知，强调仪器借领和使用注意事项及测绘资料的记录计算规则；第二部分是测量实验指导，共有18个课堂实验；第三部分是测量实习指导，主要包括大比例尺地形图解析法测绘、数字测图和施工放样；第四部分是实验报告。全书偏重于要求、方法与步骤的介绍，具有很强的实用性和可操作性。

参加本书编写的人员和分工如下：第一部分由王建雄编写；第二部分与第四部分的实验一、实验二、实验三由何春香编写，实验四、实验五、实验六由陈劲松编写，实验七、实验八、实验九由周利军编写，实验十、实验十一、实验十二由李浩宇编写，实验十三、实验十四由杨雪银编写，实验十五、实验十六由刁建鹏编写，实验十七、实验十八由刘丽丽编写；第三部分由夏永华、陈鸿兴编写。全书由王建雄统一修改定稿，由杨志强教授主审。在此，致以诚挚的感谢！

由于编者水平有限，书中可能存在不少缺点和错误，谨请读者批评指正。

编　者

2014 年 6 月

目　录

第一部分 测量实验须知

一、测量实验规定

(1)在测量实验之前，应复习教材中的有关内容，认真仔细地预习实验指导书，明确目的与要求、熟悉实验步骤、注意有关事项，并准备好所需文具用品，以保证按时完成实验任务。

(2)实验分小组进行，组长负责组织协调工作，办理所用仪器工具的借领和归还手续。

(3)实验应在规定的时间进行，不得无故缺席或迟到早退；应在指定的场地进行，不得擅自改变地点或离开现场。

(4)必须严格遵守本书列出的“测量仪器工具的借领与使用规则”和“测量记录与计算规则”。

(5)服从教师的指导，每人都必须认真、仔细地操作，培养独立工作的能力和严谨的科学态度，同时要发扬互相协作精神。每项实验都应取得合格的成果并提交书写工整规范的实验报告。

(6)实验过程中，应遵守纪律，爱护现场的花草、树木和农作物，爱护周围的各种公共设施。

二、测量仪器工具的借领与使用规则

(一)测量仪器工具的借领

(1)在教师指定的地点办理借领手续，以小组为单位领取仪器工具。

(2)借领时应该当场清点检查。实物与清单是否相符，仪器工具及其附件是否齐全，背带及提手是否牢固，三脚架是否完好等。如有缺损，可以补领或更换。

(3)离开借领地点之前，必须锁好仪器箱并捆扎好各种工具；搬运仪器工具时，必须轻取轻放，避免剧烈震动。

(4)借出仪器工具之后，不得与其他小组擅自调换或转借。

(5)实验结束，应及时收装仪器工具，送还借领处检查验收，消除借领手续。如有遗失或损坏，应写出书面报告说明情况，并按有关规定给予赔偿。

(二)测量仪器使用注意事项

(1)携带仪器时，应注意检查仪器箱盖是否关紧锁好，拉手、背带是否牢固。

(2)打开仪器箱之后，要看清并记住仪器在箱中的安放位置，避免以后装箱困难。

(3)提取仪器之前，应注意先松开制动螺旋，再用双手握住支架或基座轻轻取出仪器，放在三脚架上，一手握住仪器，一手去拧连接螺旋，最后旋紧连接螺旋，使仪器与三脚架连接牢固。

(4)装好仪器之后，注意随即关闭仪器箱盖，防止灰尘和湿气进入箱内。仪器箱上严禁坐人。

(5)人不远离仪器，仪器必须有人看护；切勿将仪器靠在墙边或树上，以防跌损。

(6)在野外使用仪器时，应该撑伞，严防日晒雨淋。

(7)若发现透镜表面有灰尘或其他污物，应先用软毛刷轻轻拂去，再用镜头纸擦拭，严禁用手帕、粗布或其他纸张擦拭，以免损坏镜头。观测结束后应及时套好物镜盖。

(8)各制动螺旋勿扭过紧，微动螺旋和脚螺旋不要旋到顶端。使用各种螺旋都应均匀用力，以免损伤螺纹。

(9)转动仪器时，应先松开制动螺旋，再平衡转动。使用微动螺旋时，应先旋紧制动螺旋。动作要准确、轻捷，用力要均匀。

(10)使用仪器时，对仪器性能尚未了解的部件，未经指导教师许可，不得擅自操作。

(11)仪器装箱时，要放松各制动螺旋，装入箱后先试关一次，在确认安放稳妥后，再拧紧各制动螺旋，以免仪器在箱内晃动受损，最后关箱上锁。

(12)测距仪、电子经纬仪、电子水准仪、全站仪、GPS 等电子测量仪器，在野外更换电池时，应先关闭仪器的电源；装箱之前，也必须先关闭电源，才能装箱。

(13)仪器搬站时，对于长距离或难行地段，应将仪器装箱，再行搬站。在短距离和平坦地段，先检查连接螺旋，再收拢三脚架，一手握基座或支架，一手握三脚架，竖直地搬移，严禁横扛仪器进行搬移。装有自动归零补偿器的经纬仪搬站时，应先旋转补偿器关闭螺旋将补偿器托起才能搬站，观测时应记住及时打开。

(三)测量工具使用注意事项

(1)水准尺、标杆禁止横向受力，以防弯曲变形。作业时，水准尺、标杆应由专人认真扶直，不准贴靠树上、墙上或电线杆上，不能磨损尺面分划和漆皮。塔尺的使用，还应注意接口处的正确连接，用后及时收尺。

(2)测图板的使用，应注意保护板面，不得乱写乱扎，不能施以重压。

(3)皮尺要严防潮湿，万一潮湿，应晾干后再收入尺盒内。

(4)钢尺的使用，应防止扭曲、打结和折断，防止行人踩踏或车辆碾压，尽量避免尺身着水。携尺前进时，应将尺身提起，不得沿地面拖行，以防损坏分划。用完钢尺，应擦净、涂油，以防生锈。

(5)小件工具如垂球、测钎、尺垫等应用完即收，防止遗失。

(6)测距仪或全站仪使用的反光镜，若发现反光镜表面有灰尘或其他污物，应先用软毛刷轻轻拂去，再用镜头纸擦拭。严禁用手帕、粗布或其他纸张擦拭，以免损坏镜面。

三、测量记录与计算规则

(1)所有观测成果均要使用硬性(2H 或 3H)铅笔记录，同时熟悉表上各项内容及填写、计算方法。

(2)记录观测数据之前，应将表头的仪器型号、日期、天气、测站、观测者及记录者姓名等无一遗漏地填写齐全。

(3)观测者读数后，记录者应随即在测量手簿上的相应栏内填写，并复诵回报，以防听错、记错。不得另纸记录事后转抄。

(4)记录时要求字体端正清晰,字体的大小一般占格宽的一半左右,字脚靠近底线,留出空隙作改正错误用。

(5)数据要全,不能省略零位。如水准尺读数 1.300,度盘读数 30°00′00″中的“0”均应填写。

(6)水平角观测,秒值读记错误应重新观测,度、分读记错误可在现场更正,但同一方向盘左、盘右不得同时更改相关数字。垂直角观测中分的读数,在各测回中不得连环更改。

(7)距离测量和水准测量中,厘米及以下数值不得更改,米和分米的读记错误,在同一距离、同一高差的往、返测或两次测量的相关数字不得连环更改。

(8)更正错误,均应将错误数字、文字整齐划去,在上方另记正确数字和文字。划改的数字和超限划去的成果,均应注明原因和重测结果的所在页数。

(9)按四舍五入,五前单进双舍(或称奇进偶不进)的取数规则进行计算。如数据 1.1235 和 1.1245 进位均为 1.124。

第二部分　测量实验指导

实验一　水准仪的认识及使用

一、实验目的

(1)掌握 DS_3 型水准仪的基本构造,认识各个操作部件的名称和作用。

(2)练习水准仪的整平、瞄准,能准确地读出水准尺读数。

(3)初步掌握两点间高差测量的方法。

二、实验要求

(1)认识水准仪各个操作部件的名称和作用。

(2)对 DS_3 型水准仪进行整平、瞄准水准尺并转动微倾螺旋使水准管气泡居中后读数。

三、仪器工具

DS_3 型水准仪 1 台、水准尺 1 把。

四、实验内容

3 人为一实习小组,每人独立完成仪器认识、整平、读数。

五、实验方法与步骤

(1)安置仪器。先将三脚架张开,使其高度适当,架头大致水平,将架脚踩实;再开箱取出仪器,将其固连在三脚架上。

(2)认识仪器。指出仪器各部件的名称和位置,了解其作用并熟悉使用方法,同时掌握水准尺的分划注记。

(3)粗略整平。双手食指和拇指各拧一对脚螺旋,同时对向(或反向)转动,使圆水准器气泡向中间移动;再转动另一只脚螺旋,使气泡移至圆水准器居中位置。一次不能居中,应反复进行。(练习并体会圆水准器气泡移动方向与左手大拇指转动脚螺旋的方向一致。)

(4)水准仪的操作。

瞄准:转动目镜调焦螺旋,使十字丝清晰;松开制动螺旋,转动仪器,用缺口和准星瞄准水准尺,旋紧制动螺旋;转动微动螺旋,使水准尺位于视场中央;转动物镜调焦螺旋,消除视差使目标清晰(体会视差现象,练习消除视差的方法)。

精平：转动微倾螺旋，使符合水准管气泡两端的半影像吻合（成圆弧状），即符合气泡严格居中。

读数：从望远镜中观察十字丝在水准尺上的分划位置，读取四位数字，即直读出米（m）、分米（dm）、厘米（cm）的数值，估读毫米（mm）的数值。

（5）观测练习：在仪器两侧各立一根水准尺，分别进行观测（瞄准、精平、读数）、记录并计算高差。

六、注意事项

（1）安置时应使三脚架头大致水平，才能保证脚螺旋粗略整平圆水准器。

（2）三脚架跨度不能太大，以免摔坏仪器。

（3）实验的同时必须认真填写实验数据及计算结果。

实验二　普通水准测量

一、实验目的

（1）掌握水准测量的施测方法、记录并计算。

（2）熟悉高差闭合差调整及高程计算的方法。

二、实验要求

（1）布设闭合水准路线。

（2）仪器与前、后尺距离应大致相等。

（3）根据观测结果，计算水准路线高差闭合差、高差闭合差改正数及待定点高程。

（4）高差闭合差允许值为：平地 $f_h = \pm 40\sqrt{L}$ mm，山地 $f_h = \pm 12\sqrt{n}$ mm。式中，L 为以 km 为单位的单量程路线长度；n 为测站数。

三、仪器工具

DS_3 型水准仪 1 台、水准尺 1 对。

四、实验内容

3 人为一实习小组，完成闭合水准路线测量。

五、实验方法与步骤

（1）选定一条闭合水准路线，其长度以安置 4 ~ 6 个测站为宜。确定起始点及水准路线的前进方向。

（2）在起始点和第一个待定点分别立水准尺，在距该两点大致等距离处安置仪器，分别观测得后视读数 a_1' 和前视读数 b_1'，计算高差 h_1'；改变仪器高度（或换水准尺另一面），再读取后、前视读数 a_2'' 和 b_2''，计算高差 h_1''。检查互差是否超限。计算平均高差 h_1。将仪器搬至第一、第二点中间设站观测，按前述方法测出 h_2 并依次推进，测出 h_3、h_4…。

(3)根据已知点高程及各测站的观测高差，计算水准路线的高差闭合差，并在限差内对闭合差进行配赋，推算各待定点的高程。

六、注意事项

(1)仪器的安置位置应保持前、后视距大致相等。每次观测读数前，应使水准管气泡居中，并消除望远镜视差。

(2)立尺员要思想集中，立直水准尺。已知水准点和待定水准点不放尺垫。仪器未搬迁，后视点尺垫不能移动；仪器搬迁时，前视点尺垫不能移动。迁站时应防止摔碰仪器或丢失工具。

(3)超限应重测。

(4)实验的同时必须认真填写实验数据及计算结果。

实验三　水准仪检验与校正

一、实验目的

(1)了解 DS_3 型水准仪各轴线之间应满足的几何关系。

(2)掌握 DS_3 型水准仪检验与校正的操作。

二、实验要求

(1)每位学生应按照检验与校正的步骤独立进行检验，并在老师的指导下进行校正。

(2)仪器检验与校正的次序不能颠倒。

三、仪器工具

DS_3 型水准仪 1 台、水准尺 1 对、拨针 1 根、小螺旋刀 1 把。

四、实验内容

3 人为一实习小组，完成水准仪的检验与校正。

五、方法与步骤

(一)圆水准器的检验与校正

(1)检验：安置水准仪，用脚螺旋调整圆水准器气泡居中，再将望远镜旋转 180°，若气泡偏离圆心，则须校正。

(2)校正：用拨针拨动圆水准器校正螺旋，使水准器气泡返回偏离量一半，用脚螺旋调整一半，反复进行几次，直至仪器转到任何位置，圆水准器气泡都在圆心。

(二)十字丝横丝与竖轴的检验与校正

(1)检验：用十字丝横丝一边照准一小点，旋转微动螺旋，若横丝明显的离开小点，则须校正。

(2)校正:取下护盖,用螺旋刀松开十字丝固定螺丝,微微旋转十字丝环直至符合要求,最后拧紧固定螺丝。

(三)视准轴平行于水准管轴的检验与校正

(1)检验:选定相距 80 ~ 100 m 的 A、B 两点等距离处安置仪器,测出 A、B 两点高差,然后改变仪器高,再测出 A、B 两点高差。若差值不大于 5 mm,则取平均值作为 A 的高差 h_{AB}。

仪器搬至 A 点附近(距 A 点 2 ~ 3 m 为宜),A 点水准尺读数为 a',B 点水准尺读数为 b',若 $b' \neq a' - h_{AB}$,且差值大于 5 mm,则需要校正。

(2)校正:旋转微倾螺旋,用十字丝对准 B 点水准尺上读数 $b'_{算}$($b'_{算} = a' - h_{AB}$),此时水准管气泡偏离,用拨针拨动水准管一端校正螺旋,使气泡居中,反复进行。

六、注意事项

(1)选定水准仪检验与校正的场地应平坦。

(2)拨动水准管一端校正螺旋时,应先松后紧,松紧适当,校正好后再拧紧该螺旋。

实验四　经纬仪的认识及使用

一、实验目的

掌握 DJ_6 型光学经纬仪的基本构造、各操作部件的用途及使用方法。

二、实验要求

(1)认识各个操作部件的名称和作用。

(2)练习经纬仪对中、整平、瞄准及读数方法。

(3)练习盘左位置瞄准目标,测量两方向间的水平角。

三、仪器及工具

DJ_6 型光学经纬仪 1 台、花杆 2 根、测钎 2 根。

四、实验内容

(1)操作仪器,熟悉 DJ_6 型光学经纬仪操作部件的名称和作用。

(2)熟悉 DJ_6 型光学经纬仪的度盘读数并进行练习。

(3)每人用盘左位置瞄准目标,测量两方向间的水平角。

五、实验方法与步骤

(1)安置三脚架于测站上,三脚架高度应按照自己的身高而定,架头大致水平,垂球尖顶与测站点大致重合。

(2)用中心连接螺旋将经纬仪连接在三脚架上,连接不要太紧,使经纬仪基座板在架头上可以滑动,滑动经纬仪基座精确对中,对中后旋紧中心连接螺旋。

(3)整平:水准管平行于任意两个脚螺旋的连线,转动脚螺旋使水准管气泡居中;将仪器旋转90°,转动第三个脚螺旋使水准管气泡居中,反复进行几次,直到水准管转到任何位置气泡均居中为止。

(4)认识经纬仪各部件的名称及其作用;练习仪器在任意方向的读数,直读到分,估读(最小分划值的0.1个格)到秒。

(5)盘左(正镜)位置瞄准目标*A*,读出水平度盘读数并记入手簿中,顺时针旋转仪器瞄准目标*B*,读数并计算水平角(用*B*读数减去*A*读数)。

六、注意事项

(1)将经纬仪由箱中取出并安置到三脚架上时,必须一只手拿住经纬仪,另一只手托住基座的底部,并立即将中心螺旋旋紧,以防仪器从三脚架上掉下摔坏。

(2)实验的同时必须认真填写实验数据及计算结果。

实验五　测回法观测水平角

一、实验目的

(1)熟悉 DJ_6 型经纬仪的基本构造及主要部件的名称与作用。

(2)掌握经纬仪的操作方法及水平度盘读数的配置方法。

(3)掌握测回法观测水平角的观测顺序、记录和计算方法。

二、实验要求

(1)按测回数配置水平度盘的起始方向读数。

(2)用测回法观测水平角。

三、仪器工具

经纬仪附三脚架1台、花杆2根、记录板1个。

四、实验内容

要求3人为一实习小组,每人观测一个测回并完成相应的记录与计算。

五、实验方法及步骤

(一)对中、整平

利用光学对点器:将三脚架打开,使其高度适当,架头大致水平,并使架头大致位于点标志的竖直上方,踩紧三脚架,将仪器固连在三脚架上。调整光学对点器目镜,使对点器中的对中标志(十字丝或小圆圈)清晰,再调整光学对点器物镜,使地面成像清晰。调整脚螺旋,使对中标志与地面点标志重合。利用三脚架三个架腿的伸缩使圆水准器的气泡居中,再用脚螺旋精平仪器(转动照准部,使水准管平行于任意一对脚螺旋,同时相对旋转这两个脚螺旋,使水准管气泡居中;将照准部绕竖轴转动90°,再转动第三只脚螺旋,使气泡居中)。从光学对点器中观察,检查对中标志是否仍与地面点标志重合,如有小的偏离,稍松连接螺旋,在架头上平移仪器,使两标志重合,再用脚螺旋精平仪器。然后检查对中,如此反复,直至对中、整平都符合要求。

(二)瞄准

用望远镜上的照门和准星瞄准目标,使目标位于视场内,旋紧望远镜和照准部的制动螺旋;转动望远镜的目镜螺旋,使十字丝清晰;转动物镜调焦螺旋,使目标影像清晰;转动望远镜和照准部的微动螺旋,使目标被十字丝的纵丝单丝平分,或被两根纵丝夹在中央。

(三)度盘配置

设共测 n 个测回,则第 i 个测回的度盘位置为略大于 $(i-1)\times180°/n$。

(四)一测回观测

盘左:瞄准左目标 A,将读数记作 a_1。读数时,调节反光镜的位置,使读数窗亮度适当;旋转读数显微镜的目镜调焦螺旋,使度盘及分微尺的刻划清晰;读取度盘刻划线位于分微尺所注记的度数,从分微尺上该刻划线所在位置的分数估读至0.1′。顺时针方向转动照准部,瞄准右目标 B,将读数记作 b_1;计算上半测回角值 $\beta_{左}=b_1-a_1$。

盘右:瞄准右目标 B,将读数记作 b_2;逆时针方向转动照准部,瞄准左目标 A,将读数记作 a_2;计算下半测回角值 $\beta_{右}=b_2-a_2$。

检查上、下半测回角值互差是否超限。若不超限,计算一测回角平均值 $\beta=(\beta_{左}+\beta_{右})/2$。

六、注意事项

(1)瞄准目标时,尽可能瞄准其底部,以减少目标倾斜引起的误差。

(2)同一测回观测时,切勿转动度盘变换手轮,以免发生错误。

(3)观测过程中若发现气泡偏移超过一格,应重新整平重测该测回。

(4)计算半测回角值时,当左目标读数 a 大于右目标读数 b 时,则应加360°。

(5)限差要求为:对中误差应小于3 mm;上、下半测回角值互差不超过±40″,超限则重测该测回;各测回角值互差不超过±24″,超限则重测该测站。

(6)实验的同时必须认真填写实验数据并计算。

实验六　全圆测回法观测水平角

一、实验目的

(1)掌握全圆测回法观测水平角的操作顺序、记录及计算方法。

(2)弄清归零、归零差、归零方向值、两倍视准差 $2c$ 变化值的概念以及各项限差的规定。

二、实验要求

3 人一组,用全圆测回法观测水平角。

三、仪器工具

经纬仪附三脚架 1 台,花杆 3 根、记录板 1 个。

四、实验内容

要求 3 人为一实习小组,每人观测一个测回并完成相应的记录与计算。

五、实验方法与步骤

(1)在指定的地面点 O 安置仪器。在测站周围确定 3 个以上目标。

(2)按实验五的方法对中、整平并进行度盘配置。

(3)盘左:瞄准起始方向目标读数,顺时针方向依次瞄准各方向目标读数,转回至起始方向仍瞄准目标读数。检查归零差是否超限。

(4)盘右:瞄准起始方向目标读数,逆时针方向依次瞄准各方向目标读数,转回至起始方向仍瞄准目标读数。检查归零差是否超限。

(5)计算:同一方向两倍视准差 $2c$ = 盘左读数 -(盘右读数 ±180°);各方向的平均读数 = 盘左读数 +(盘右读数 ±180°);归零后的方向值。

(6)测完各测回后,计算各测回同一方向的平均值,并检查同一方向值各测回互差是否超限。

六、注意事项

(1)应选择远近适中、易于瞄准的清晰目标作为起始方向。如果方向数只有 3 个,可以不归零。

(2)限差规定为:半测回归零差为 ±18″,同一方向值各测回互差为 ±24″。超限应重测。

(3)实验的同时必须认真填写实验数据并计算。

实验七　竖直角测量

一、实验目的

(1)掌握竖直角测量的操作顺序、记录及计算方法。

(2)弄清指标差的概念以及限差的规定。

二、实验要求

3 人一组,每人完成两个竖直角(一个仰角、一个俯角)测量。

三、仪器工具

经纬仪附三脚架1台、花杆2根、记录板1个。

四、实验内容

(1)完成竖直角和指标差测量、记录与计算。
(2)每3人一组,轮换操作,每人至少测2个点。

五、实验方法与步骤

(1)在测站上安置仪器,量取仪器高 I。
(2)盘左瞄准目标,以十字丝的横丝切于目标的某一位置,此即为目标高,用 V 表示。转动竖盘指标水准管微动螺旋,使气泡居中(此时指标处于正确位置),读取读数 L。
(3)按上述方法,以盘右瞄准目标,读取读数 R。
(4)填表并计算。

六、注意事项

(1)指标差限差规定为:$\pm 25''$。
(2)实验的同时必须认真填写实验数据并计算。

实验八　视距测量

一、实验目的

(1)掌握视距测量的观测方法和需要观测的数据。
(2)学会用计算器进行视距计算。

二、实验要求

(1)选择视野开阔、半径小于80 m的一块区域,在中心区选一固定点 A 作为测站。
(2)每3人一组,轮换操作,每人至少测2个点。

三、仪器工具

经纬仪1台、视距尺1把、计算器1个。

四、实验内容

每人至少进行2个点的视距测量,并进行水平距离、高差及高程的计算。

五、实验方法及步骤

(1)在测站点 A 安置仪器,量取仪器高 i,并假设 A 点高程为 $H_A = 500.00$ m。

（2）视距测量一般在经纬仪的盘左位置进行测量，视距尺立于若干待测定的位置上。瞄准直立的视距尺，转动望远镜微动螺旋，以十字丝的上丝对准尺上任意刻划处，读取下丝读数 a、上丝读数 b、中丝读数 L，然后将竖盘指标水准管气泡居中，读取竖盘读数，并算出竖直角 α。

六、注意事项

（1）视距测量观测前，应对竖盘指标差进行检验校正，使指标差在60″以内。
（2）观测时视距尺应竖直，并保持稳定。
（3）读取竖盘读数前，必须使竖盘指标水准管气泡居中。
（4）量取仪器高时，一定注意要量取仪器横轴距地面点的铅垂距离。

实验九　钢尺量距与罗盘仪定向

一、实验目的

（1）掌握用钢尺量距的一般方法。
（2）学会使用罗盘仪测定直线的磁方位角。

二、实验要求

（1）选择一段长 70～80 m 的地面作为实验场地。
（2）每 3 人一组，轮换操作，每人至少完成一段距离的测量。
（3）定向误差应小于 10″，超限应重测。
（4）量距相对误差应小于 1/2 000。

三、仪器工具

钢尺 1 把、罗盘仪 1 台、标杆 2 根、测钎 3 根。

四、实验内容

（1）用钢尺对 A、B 之间的距离进行往返丈量。
（2）用罗盘仪测定直线 AB 的正、反磁方位角。

五、实验方法及步骤

（1）在所选线段 AB 两端打下木桩，桩顶钉上小钉或画上"十"作为标志。
（2）在 A、B 两点立标杆，据此进行直线定线。
（3）钢尺丈量：往测——后尺手持尺零端点对准 A；前尺手持尺盒并带花杆和测钎沿直线 AB 方向前进，行至一尺段停下，听后尺手指挥左、右移动花杆，插在 AB 线上，拉紧钢尺，在注记处插下测钎；两尺手同时提尺前进，后尺手行至测钎处，前尺手按前法插一根测钎，量距后，后尺手将测钎收起，依次丈量其他各段，到最后一个不足整尺段的尺段时，前尺手将一整刻划对准 B 点，后尺手在尺的零端读出厘米（cm）和毫米（mm）数，两数相减即为余长，后尺手所收测钎数即为整尺数。整尺数乘尺长加余长即为 AB 的距离。

返测——由 B 点向 A 点同法量测。最后检验量距相对误差是否超限，计算距离，取平均值。

（4）罗盘仪定向：在 A 点安置罗盘仪、对中整平后，旋松磁针固定螺丝，放下磁针，用望远镜对准 B 点，放松举针螺旋，待磁针自由静止后读数，即为 AB 边的正磁方位角。同法在 B 点瞄准 A，测出 AB 边的反磁方位角。最后检验正、反磁方位角是否超限，计算方位角，取平均值。

六、注意事项

（1）距离丈量时，必须采用往返观测。

（2）禁止钢尺打团、受压、沿地面拖拉等情况。

（3）测钎应插直，若地面坚硬，可在地面上划记号。

（4）测磁方位角时，要认清磁针北端，避免铁器干扰。

实验十　全站仪的认识及使用

一、实验目的

（1）熟悉全站仪各主要操作部件及作用。

（2）掌握全站仪的基本使用方法。

二、实验要求

每 3 人为一实验小组，每人完成角度、距离、坐标测量。

三、仪器工具

全站仪 1 台、棱镜 1 块、对中杆 1 根。

四、实验内容

（1）进入角度测量模式，测量水平角、竖直角。

（2）进入距离测量模式，测量水平距离、倾斜距离、高差。

（3）进入坐标测量模式，设置测站点坐标、定向方位角，测量未知点坐标。

五、实验步骤

（1）在适当的位置架设棱镜。

（2）在测站点架设全站仪，对中、整平、瞄准。

（3）在操作键盘上选择角度测量模式键，切换到角度测量模式（见表 2-1），读出水平角、竖直角。

(4)在操作键盘上选择距离测量模式键，切换到距离测量模式(见表2-2)，读出斜距、平距、高差。

(5)在操作键盘上选择坐标测量模式键，切换到坐标测量模式(见表2-3)，测量出未知点坐标。

表2-1　角度测量模式

页数	软件	显示符号	功能
1	F1	置零	水平度盘为0°00′00″
	F2	锁定	水平角读数锁定
	F3	置盘	通过键盘输入数字设置水平角
	F4	P1↓	显示第2页软键功能
2	F1	倾斜	设置倾斜改正开或关，若选择开，则显示倾斜改正值
	F2	复测	角度重复测量模式
	F3	V%	垂直角百分比坡度(%)显示
	F4	P2↓	显示第3页软键功能
3	F1	H—蜂鸣	仪器每转动水平角90°是否要发出蜂鸣声的设置
	F2	R/L	水平角右/左记数方向的转换
	F3	竖盘	垂直角显示格式(高度角/天顶距)的切换
	F4	P3↓	显示第1页软键功能

表2-2　距离测量模式

页数	软件	显示符号	功能
1	F1	测量	启动测量
	F2	模式	设置测距模式精测/粗测/跟踪
	F3	S/A	设置音响模式
	F4	P1↓	显示第2页软键功能
2	F1	偏心	偏心测量模式
	F2	放样	放样测量模式
	F3	m/f/i	米(m)，英尺(ft)；或英尺(ft)，英寸(in)单位的变换
	F4	P2↓	显示第1页软键功能

表 2-3　坐标测量模式

页数	软件	显示符号	功能
1	F1	测量	开始测量
	F2	模式	设置测距模式精测/粗测/跟踪
	F3	S/A	设置音响模式
	F4	P2↓	显示第 3 页软键功能
2	F1	镜高	输入棱镜高
	F2	仪高	输入仪器高
	F3	测站	输入测站点坐标
3	F1	偏心	偏心测量模式
	F2	m/f/i	米(m),英尺(ft);或英尺(ft),英寸(in)单位的变换
	F3	P3↓	显示第 3 页软键功能

六、注意事项

(1)全站仪是精密贵重的测量仪器,要防日晒、雨淋、碰撞振动。严禁将仪器直接照准太阳、坐压箱体。

(2)即使近距离搬动仪器,也应将仪器取下搬动。

(3)换电池前必须关机。

(4)仪器只能存放在干燥的室内。充电时,周围温度应在 10~30 ℃。

(5)运输仪器时,应采用原装的包装箱运输、搬动。

实验十一　经纬仪导线测量及内业计算

一、实验目的

掌握经纬仪导线测量的布设、施测、记录及内业计算方法。

二、实验要求

每 4 人为一小组,每小组必须测定出一条 4~5 个点的闭合导线。

三、仪器工具

DJ_6 型光学经纬仪 1 台,钢尺 1 把,测钎、木桩、小钉、油漆若干。

四、实验内容

完成一闭合导线的测量,并根据观测结果完成闭合导线测量的内业计算。

五、实验方法与步骤

(1)选点:选定的测区内,在导线点位置的地面上打下木桩,钉上小钉或用油漆标定点位并编上点名或点号,在记录纸上按实际情况绘制导线略图。

(2)量距:用钢尺往、返丈量各导线边的边长,读至毫米(mm),取平均值。

(3)测角:采用测回法,按一测回观测导线各转折角(内角)。

(4)计算:当各转折角观测完毕并满足条件后,计算角度闭合差。判断角度闭合差是否超限。待外业成果合格后,内业计算各导线点的坐标。

六、注意事项

(1)相邻导线点间应互相通视,以便测边和测角。

(2)导线边长大致相等,尽量避免过短或过长。

(3)外业成果合格后,方可进行内业的计算。

实验十二　全站仪控制测量

一、实验目的

掌握用 TOPCON GTS－335N 全站仪进行导线坐标的连续测量的方法。

二、实验要求

3 人为一实验小组,每小组测定一条 4 ~5 个点的闭合导线,起点坐标设为(500,500,500)。

三、实验工具

全站仪 1 台、对中杆 1 根、棱镜 1 块。

四、实验内容

利用 TOPCON GTS－335N 全站仪完成导线坐标的测量,并进行平差计算。

五、实验步骤

(1)在选择好的导线控制点(测站点 O)上架设仪器,在上一个导线控制点(后观测点 A)上架设棱镜。

(2)在测站点对中、整平后,初始化测站,在操作键盘上选择距离测量模式键,切换到坐标测量模式,按 F4 软键,进入第 2 页。

N E Z			m m m
镜高	仪高	测站	P2
F1	F2	F3	F4

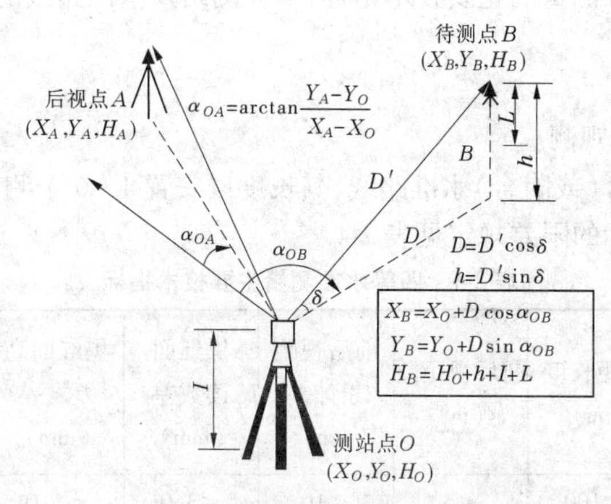

图 2-1 全站仪坐标测量示意图

(3)按 F3(测站)键,输入 N、E、Z 的值,也就是测站点的 X、Y、H 坐标。

(4)在坐标测量模式中,按 F4 软键,进入第 2 页。按 F2(仪高)键,输入仪器高。

(5)在坐标测量模式中,按 F4 软键,进入第 2 页。按 F1(镜高)键,输入棱镜高。

(6)在操作键盘上选择角度测量模式键,切换到角度测量模式,旋转仪器到所需的水平角(即测站点到定向点的方位角)。

V 96°32′46″ HR 236°43′06″			
置零	锁定	置盘	P1
F1	F2	F3	F4

N 5 236.383 m E 5 078.536 m Z 506.47 m			
测量	模式	S/P	P1
F1	F2	F3	F4

(7)按 F2(锁定)键,瞄准定向导线控制点。

(8)按 F3(是)键,完成水平角设置。(也可输入定向点的坐标,并选择一种测量方法进行测量,这样起始边方位角就被设置。)

(9)瞄准下一个(待测点 B 点见图 2-1)导线点,按 F1 测量键,开始测量。

(10)显示测量结果,记录该坐标值。

(11)搬站到下一点,重复以上步骤。

实验十三　四等水准测量

一、实验目的

(1)掌握四等水准测量的观测、记录、计算和校核方法。

(2)熟悉四等水准测量的主要技术指标,掌握测站及水准路线的校核方法。

二、实验要求

(1)4 人一组轮换观测。

(2)选定一条闭合(或附合)水准路线,其长度以安置 4 ~6 个测站为宜。

(3)有关技术指标的限差规定见表 2-4。

表 2-4　四等水准测量主要技术指标

等级	视线高度(m)	视距长度(m)	前后视距差(m)	前后视距累计差(m)	黑红面读数差(mm)	黑红面高差之差(mm)	线路闭合差(mm)
四	>0.3	≤100	≤5	≤10	≤3.0	≤5.0	$\pm 20\sqrt{L}$, $\pm 6\sqrt{n}$

三、仪器工具

DS_3 型水准仪 1 台、双面水准尺 1 对、尺垫 2 块。

四、实验内容

完成一条长度以安置 4 ~6 个测站的闭合(或附合)水准路线的测量。

五、实验方法及步骤

(1)选取闭合(或附合)水准路线,在起点与第一个立尺点之间设站,使测站至前、后视立尺点的距离大致相等。立尺点可以选择有凸出点的固定物或安放尺垫。

(2)在每一测站,按后—前—前—后的顺序进行观测:

后视水准尺黑面——精平,读取下、上丝读数,读取中丝读数;

前视水准尺黑面——精平,读取下、上丝读数,读取中丝读数;

前视水准尺红面——精平,读取中丝读数;

后视水准尺红面——精平,读取中丝读数。

(3)当测站记录完毕后应立即计算:①前后视距(m);②前后视距差(m);③前后视距累计差(m);④黑红面读数差(mm);⑤黑红面高差之差(mm);⑥高差中数(m)。

(4)对测站进行检核,检查各项限差是否超限。待满足规范后才可进行下一测站的观测。

(5)用以上方法依次设站,进行其他各站的测量。

(6)全路线测完成后需计算:①路线总长(即前后视距之和);②前后视距差之和。

六、注意事项

(1)前后视距在限差以内。

(2)从后视转为前视(或相反)望远镜不能重新调焦。

(3)水准尺应完全竖直,最好用附有圆水准器的水准尺。

(4)每站观测结束,立即进行计算并检核;若有超限,则应重测该站。

(5)全线路观测计算完毕,各项检核已符合要求,路线高差闭合差也在容许范围之内,才可收测,结束实验。

实验十四　GPS 的认识及使用

一、实验目的

(1)了解 GPS 接收机的构造及组成,初步掌握 GPS 接收机的操作方法。

(2)掌握 GPS 天线高量测方法。

(3)掌握 GPS 静态相对定位测量的方法。

二、实验要求

(1)在校园内选择空旷的路面或广场。

(2)分组在三个控制点上安置 GPS 接收机,同时开启接收机电源开关进行观测。

三、实验仪器和工具

(1) Trimble 5700(或 Ashtech Locus)接收机 3 台、GPS 接收机天线单元、GPS 接收机主机单元、天线电缆、天线基座连接器、天线基座。

(2)干电池、小卷尺、三脚架、对讲机。

四、实验内容

(1)了解 GPS 接收机结构及组成。

(2)掌握 GPS 接收机操作方法。

(3)掌握 GPS 天线高量测方法。

(4)学习同步图形逐步扩展法,分组进行 GPS 静态相对定位测量。

五、实验方法与步骤

(1)分组协商,拟订外业观测计划,选择三个控制点并作标记。

(2)在三个控制点上同时安置 GPS 接收机,将 GPS 接收机天线安置在基座和三脚架上，进行对中、整平。

(3)记录接收机系列号、天线类型、接收机类型、观测日期、天气、班组、记录者名称、控制点名、控制点号。

(4)连接 GPS 接收机天线与接收机主机电缆。

(5)采用斜高法量取天线高，第一次记录量测数据。

(6)用对讲机联络 3 台接收机，同时开启电源开关。

(7)启动接收机电源开关，接通电源，观察接收机面板指示灯显示状态。

(8)记录开机时间。

(9)持续观测时间在 30 min 以上同时关机。

(10)测量完成后再搬站，迁站前再量测天线高，记录关机时间及天线高数据。

(11)及时进行室内数据下载。

六、注意事项

(1)野外操作 GPS 接收机开机时要特别警惕，按下电源按钮时，接收机面板上的几个 LED 灯一亮，应立即松手，否则会导致接收机内以前存储的数据丢失。

(2)GPS 接收机上空避免有遮蔽物。

(3)野外观测时，禁止使用手机。

实验十五　经纬仪测绘法测绘地形图

一、实验目的

(1)熟悉地形图成图的基本过程。

(2)掌握大比例尺地形图的测绘方法。

二、实验要求

(1)每 3 人为一实验小组，轮换操作。

(2)选择具有典型特征地物和地貌的地段作为实验场地。

三、仪器工具

经纬仪 1 台、视距尺 1 根、钢尺 1 个、花杆 1 根、缝衣针 1 根、量角器(中心有孔)1 块、绘图板 1 块、计算器 1 个、绘图工具 1 套。

四、实验内容

每组至少完成一个完整地物特征点的观测，并按照 1∶500 的比例展绘到图纸上。

五、方法及步骤

(1)安置仪器。将经纬仪安置在测站点 A 上，绘图板安置于测站旁，量取仪器高。

(2)定向。盘左瞄准另一控制点 B,将水平度盘配置为 $0°00'00''$。在图纸上定出 A 点,画出 AB 方向线,用小针将量角器中心钉在 A 点上。

(3)立尺。立尺员按观测路线将视距尺立于地物和地貌的特征点上。

(4)观测。转动照准部,按视距测量方法进行观测。读取视距间隔、中丝读数 V,竖盘读数 L 及水平角。

(5)记录。将测得的上、中、下丝读数,竖盘读数,水平角依次填入手簿,并将具有特殊作用的碎部点在备注中加以说明。

(6)碎部点展绘计算。按视距测量方法求出视距、竖直角和水平角,计算平距和高程,并记下碎部点名称。

(7)碎部点展绘。根据观测和计算数据用量角器和比例尺将碎部点展绘到图上,并标注高程,及时绘出地物、勾绘等高线,并对照实地检查有无遗漏的情况。

(8)搬迁测站,同法测绘,直到指定范围的地形、地物均测量并展绘完为止,然后依照图示符号对图进行整饰。

六、注意事项

(1)碎部点应选在地物、地貌的特征点上。展绘测图比例尺可根据专业需要自行选定。

(2)为方便绘图员工作,观测员观测时应先读取水平角,再读取三丝读数和竖盘读数,读取竖盘读数时注意打开竖盘自动安平装置。每测 20 点左右要重新瞄准起始方向进行检查,若水平度盘读数变动超过 4′,则应检查所测碎部点数据。

(3)立尺员在跑点前应先与观测员和绘图员商定跑尺路线,尺子应立直,并弄清碎部点之间的关系,协助绘图员做好绘图工作。

(4)绘图员应保持图面正确整洁、注记清晰,并做到随测点、随展绘、随检查。

实验十六　数字化测绘地形图

一、实验目的

练习使用 TOPCON GTS－335N 全站仪进行测图,掌握用全站仪进行大比例尺地面数字测图外业数据采集的作业方法。

二、实验要求

每 3 人为一实验小组,每人至少完成 10 个碎部点的测量。

三、仪器工具

全站仪 1 台、对中杆 1 根、棱镜 1 块。

四、实验内容

(1)完成在测站安置仪器、对中、整平、定向、坐标初始化。

(2)用数据采集模式对碎部点进行测量和记录。

五、实验步骤

(1)在键盘上按下[MENU]键,仪器进入主菜单 1/3 模式。

菜单		1/3
F1:	数据采集	
F2:	放样	
F3:	存储管理	P↓

(2)按下 F1 键显示数据采集菜单 1/2,进入数据采集文件选择调用或者输入界面。

选择文件			
FN:			
输入	调用	跳过	回车

(3)输入或者调用结束后按回车键,进入主菜单 1/3 模式,再按 F1 键进入数据采集 1/2 菜单。

选择文件		1/2
F1:	测站点输入	
F2:	后视	
F3:	前视/侧视	P↓

(4)按下 F1 键设置测站点(测站点坐标可以按两种方法设定:第一种是利用内存中的坐标数据来设定,第二种是直接由键盘输入),输入(N,E,Z),即测站点的 X、Y、H 坐标。

(5)按下 F2 键后视点定向(后视点的定向角可按三种方法来设定:第一种是用内存中的坐标数据来设定,第二种是直接键入后视点坐标,第三种是直接键入设置的定向角),无论使用哪种方法,都必须照准后视点,选择一种测量模式按相应的软键进行测量,测量结果被保存,显示屏返回到数据采集菜单 1/2。

(6)按下 F3 键进行数据采集。菜单如下:

点号			
编码:			
镜高:			0.000 m
输入	查找	测量	同前
F1	F2	F3	F4

(7)按下 F1 键输入点号、编码、镜高。照准目标点,按下 F3 键,开始测量。

点号	PT－01		
编码:	DLX		
镜高:			0.000 m
角度	斜距	坐标	偏心
F1	F2	F3	F4

(8)按 F3 键测量数据被存储。棱镜移动到下一个碎部点,显示屏上的点号自动增加。

N			498.457
E			493.029
Z			512.068
>OK?		是	否
F1	F2	F3	F4

六、注意事项

(1)在作业前应做好准备工作,全站仪的电池、备用电池均应充足电。

(2)外业数据采集时,记录及草图绘制应清晰、信息齐全,不仅要记录观测值及测站的有关数据,还要记录编码、点号、连接点和连接线等信息,以方便内业成图时使用。

实验十七　地形图的识读与应用

一、实验目的

(1)掌握地形图上地物和地貌判读的基本方法。

(2)了解地形图上各种地形要素符号的含义及表示方法。

(3)建立地形图图式符号与表示对象的联系,加深对地形图的认识。

(4)熟练地从地形图上获取有关信息(如点的平面坐标、高程、等高距等)。

(5)掌握等高线勾绘的基本方法。

(6)利用地形图进行一定的量算工作,提高用图能力。

二、实验要求

(1)根据校园内或附近地区大比例尺地形图进行室内、野外的判读。

(2)根据所附地形图和要求进行量算及勾绘。

三、实验仪器与工具

罗盘仪 1 个、三角板 1 副、比例尺 1 把、皮尺 1 个、分规 1 支、计算器 1 个、毫米透明方格纸 1 小张、求积仪 1 台、校园内或附近地区大比例尺地形图 1 张。

四、实验内容

根据所提供的地形图和要求，能独立读图、计算及勾绘。

五、实验方法及步骤

（一）室内判读

（1）了解图名、图号、比例尺、等高距、坐标系统及所表示的地区范围。

（2）了解图上的各数据、文字、符号的意思。

（3）看图后能大概描述图幅的概况：如河流走向、深度与宽度；山的走向、高低及坡度；公路的分布、作物及植被情况、居民点情况等。

（4）确定野外判读内容、地点和所走路线。

（二）野外判读

（1）图纸定向。在野外利用罗盘仪、直长地物或有方位目标的独立地物使地形图的东南西北与实地的方向一致，各方向线与实地相应的方向线在同一竖直面内，即与实地方向一致。

（2）在地形图上确定站立点的位置。图纸定向后，先观察附近明显的地物、地貌后，在图上寻找相应的景象，然后根据站立者至明显地物点的距离（目估）、方向及地形，比较判定其在图上的位置。亦可用距离交会法、极坐标法、后方交会法确定站立者的位置。

（3）读图。由左到右，由近到远，由点到线，由线到面，将地形图上各种地物符号和等高线与实地上地物、地貌的形状、大小及相互位置关系一一对应起来，判明地形的基本情况，如：①水系。了解该地区内河流、湖泊、海洋、水库、沟渠、井泉等的分布，判读水陆界限，清楚河流性质、河段情况等。②地貌。了解该地区内的地形起伏状况，可根据等高线疏密、高程注记、等高线形态特征来判明地形起伏和地貌类型。具体读出山头、山脊、山谷、山坡、洼地、鞍部等基本地貌。③土质、植被。土质主要是了解地表覆盖层的性质，植被主要是了解地表植被的类型及其分布。④居民地。主要判读居民地类型、形状、人口数量、行政等级、分布密度、分布特点等。⑤交通网。了解交通路线种类、等级、路面性质、宽度、主要站点等。还有水上交通网、港口和航线情况等。⑥境界线。了解该图区域内的政治、行政区划情况，主要境界线的种类和性质。⑦独立地物。主要有文物古迹、工农业建筑等，可作为判断方位的重要标态。

（4）在实地标定出地形图上某点的位置。在所要标定某点的附近，寻找视野开阔的一个高地，持图站在那里，先对照大环境，然后缩小到某点附近的小范围，必要时到此范围内，根据附近地物、地貌，用比较判定法在实地标定出图上某点的正确位置。

（5）地形图的调绘填图。在图幅范围内的实地，确定持图人在图上的位置，从而使周围的实际景物与图上的形象一一对应起来，进行实地读图。通过比照读图，在对站立点周围地理要素充分认识的基础上,着手调绘填图。调绘填图就是将新增的地物用规定的符号和注记补绘在地形图上,并删除已消失的地物。对地貌改变较大或表示不准确的地方进行修绘。具体地讲,在判读时,如发现实地上有些新的地物(如公路、渠道、居民点等)在图上没有标识,可用铅笔将之绘在图上,或图上有的,实地上已经不存在,可用铅笔将之做个小记号,以便擦除。当地形图陈旧,其上地物、地貌与实际情况相差太大时,应向当地居民作详细调查。

将地面上各种形状的物体填绘到图上,就要确定这些地物形状的特征点在图上的位置。这些特征点统称为碎部点。直接利用地形图来调绘。确定碎部点的图上平面位置应尽量采用比较法,不能准确定位时,可视具体情况采用极坐标法、直角坐标法、距离交会法、前方交会法等。

(6)完成地形图的室内应用。根据所附的地形图和要求进行量算。

(7)完成等高线勾绘。根据所附的图,用高程内插法(目估)定出所需的等高线点,并勾绘出相应的等高线。

六、注意事项

(1)在野外判读过程中,必须遵守纪律,爱护花草树木、农作物和各种公共设施,如有损坏应予赔偿。

(2)判读时应注意图面整洁,除必要的填图外,不得在图上用钢笔乱涂乱改。

(3)在判读过程中,注意安全,谨防意外。

(4)量取坐标时,应先取至比例尺最大精度。

(5)计算坐标方位角时要判断象限。

(6)勾绘等高线时,线条应圆滑,粗细一致。

(7)先勾绘计曲线,后勾绘首曲线。

(8)计曲线注记时,字头应朝高处。

实验十八　全站仪坐标放样

一、实验目的

掌握利用 TOPCON GTS－335N 全站仪进行施工放样。

二、实验要求

每 3 人为一实验小组,每人完成 1～2 个放样点的测量。

三、仪器工具

全站仪 1 台、棱镜 1 块、对中杆 1 根。

四、实验内容

(1)完成仪器架设、对中、整平、定向、坐标初始化。

(2)完成利用放样模式对放样点进行测量与记录。

五、实验方法与步骤

(一)输入放样数据

(1)按 MENU 键,仪器进入菜单 MENU 1/3 模式。

菜单		1/3
F1:	数据采样	
F2:	放样	
F3:	存储管理	P↓

(2)按 F2(放样)键,选择一个文件供放样使用。

选择文件			
FN:			
输入	调用	跳过	回车

(3)选择一项进入放样菜单 1/2。

放样		1/2
F1:	测站点输入	
F2:	后视	
F3:	放样	P↓

(4)按 F1 键输入测站点坐标,按 F2 键输入后视数据,按 F3 键输入放样点数据。

(二)设置测站点的方法

设置测站点的方法有两种:一是利用内存中的坐标设置,二是直接输入测站点坐标。

1. 利用内存中的坐标设置

(1)在放样菜单 1/2 中按 F1(测站点输入)键,即显示原有数据。

测站点			
点号			
输入	调用	坐标	回车

(2)按 F1(测站点输入)键,输入坐标,按 F4(ENT)键。

仪器高			
输入			
仪高		0.000 m	
输入	…………	……	回车

(3)按同样方法输入仪器高,显示屏返回到放样菜单 1/2。

放样		1/2
F1:	测站点输入	
F2:	后视	
F3:	放样	P↓

2. 直接输入测站点坐标

(1)在放样菜单 1/2 中按 F1(测站点输入)键,即显示原有数据。

测站点			
点号:			
输入	调用	坐标	回车

(2)按 F3(坐标)键。

N:		0.000 m	
E:		0.000 m	
Z:		0.000 m	
输入	……	点号	回车

(3)按 F1(输入)键,输入坐标。按 F4(回车)键。

仪器高			
输入			
仪高:		0.000 m	
输入	……	……	回车

(4)按同样方法输入仪器高,显示屏返回到放样菜单。

(三)设置后视点的方法

(1)利用内存中的坐标数据文件设置后试点。

(2)直接键入坐标数据。

(3)直接键入设置角。

①在放样菜单 1/2 中按 F2 键。

后视			
点号:			
输入	调用	坐标	回车

②按 F1(输入)键,输入点号,按 F4 键,这时,每按一下 F3 键,输入后视点的方法依次改变为(1)、(2)、(3)。

后视			
点号:			
输入	调用	坐标	回车

N=0.000 m			
E=0.000 m			
输入	……	AZ	回车

后视			
HR:			
输入	……	点号	回车

③照准后视点,按 F3 键显示屏返回到放样菜单 1/2。

后视			
H(B) =0°00′00″			
照准	?	是	否

(四)设置放样点的方法

(1)通过点号调用内存中坐标值。

(2)直接键入坐标值。

①在放样菜单 1/2 中按 F3(放样)键。

②按 F1(输入)键,输入点号。按 F4(回车)键。

③按同样方法输入反射镜高,当放样点设定后,仪器就进行放样元素的计算。HR 表示放样点的水平角计算值,HD 表示仪器到放样点水平距离计算值。

④照准棱镜,按 F1(角度)键,显示内容。

点号:放样点。HR:实际测量的水平角。DHR:对准放样点应转动的水平角 = 实际水平角 - 计算的水平角;当 DHR =0°00′00″时,表明放样方向正确。

⑤按 F1 距离键。

HD:实际测量的水平距离。DHD:对准放样点尚差的水平距离 = 实测平距 - 计算平距。DHZ:对准放样点尚差的垂直距离 = 实测高程 - 计算高程。

⑥按 F1(模式)键进行精测。

⑦当显示值 DHR、DHD、DHZ 均为零时,则放样点的测设工作已经完成。

⑧按 F3(坐标)键,即显示坐标值。

⑨按 F4(继续)键,进行下一个放样点的测设,点号自动加 1。

六、注意事项

(1)棱镜要立直。

(2)接近放样数据时,棱镜应缓慢移动。

第三部分　测量实习指导

测量实习是整个测量课程教学过程中的一个重要环节，是在课堂教学结束后，学生掌握了必要的测量课程理论知识的基础上，通过在实习场地集中进行测绘操作实践，将课程实验的内容进行综合应用，巩固和深化课堂所学知识的重要教学活动。通过严肃认真的实习教学，学生不仅能够了解到测绘工作的整个过程，全面系统地掌握测量仪器的使用，熟练操作仪器，掌握施测、计算、地图绘制、数字测图等一系列必备技能，而且也能为今后从事专门的测绘工作或解决实际工程中的有关测量问题打下很好的基础。同时，通过实习教学活动也能培养出学生严格认真的科学态度、实事求是的工作作风、吃苦耐劳的优秀品质、团结协作的集体观念，使学生在业务组织能力和实际工作能力方面得到很好的锻炼。

实习安排了几项必做的基本实习内容，主要有：大比例尺地形图测绘（包括控制测量、碎部测量、地图拼接与整饰等）、施工测量、数字测图等，实习时间安排为2周。

本实习为教学实习，要求结合测量规范的学习进行测量作业。如果组织学生结合测绘生产任务进行实习，应考虑将教学实习的内容增加在内，以使学生得到全面的锻炼。

一、实习概述

（一）实习目的

（1）通过实际操作训练巩固和深化对工程测量理论知识的理解，熟悉并很好地掌握地形测量内外业的技术设计、作业流程和实测方法。

（2）锻炼培养学生基本功，使得在测、记、算、绘等方面能够得到较全面的训练，锻炼学生实际的动手能力。

（3）培养在地形测量工作的设计、组织、安排、总结等管理方面的意识和能力。

（4）培养每个学生严谨、细致、准确、高效的工作作风和科学态度。

（5）使学生认识地形测量的科学性、艰苦性、重要性，培养起良好的专业品质和职业道德，增强个人的责任感和测绘工作所必需的团结协作精神。

（6）培养学生在实践中灵活运用所学知识独立解决地形测量实际问题的能力。

（二）实习任务及要求

1.仪器的检验与校正

1）水准仪

（1）圆水准器的校正。

（2）管水准器的校正。

2）经纬仪

（1）照准部水准管气泡不能偏离1格。

（2）视准轴误差不能超过30″。

(3)竖盘指标差不能超过1′。

2. 地形图测绘

图幅50 cm×50 cm,比例尺1∶500。

3. 数字测图

图幅50 cm×50 cm,比例尺1∶500。

4. 施工测量

可根据学生所学专业与实习时间选作其中一项。

(1)圆曲线测设。

(2)线路纵、横断面测量。

(三)实习组织与纪律

1. 实习组织安排

(1)在测量实习期间的组织工作由主讲教师全面负责,每班除主讲教师外,还应配备一名实验教师,共同承担实习期间的指导工作。

(2)实习工作以小组为单位来进行,每组5~6人,各组指定1名组长,全面负责本组实习工作的各项具体安排和管理。

2. 实习纪律要求及注意事项

(1)严格遵守学生手册中的有关规定。

(2)树立严肃认真的工作态度,严格执行有关测量规定。

(3)各组内和组间要团结合作,不得闹工作矛盾。

(4)要强调组织性和纪律性,工作过程中不得随意说笑、打闹。

(5)不得随意缺席实习阶段的工作,更不得相互替代工作,抄袭他人的成果,一经发现按作弊严肃处理。

(6)对所领仪器和工具应精心保管、分工负责,对违章操作和保管不当造成仪器损坏或丢失,由个人和小组负责赔偿,有关当事人还应做书面检查。

(7)在作业期间,应注意仪器和人身安全。遇到特殊情况应及时向指导教师汇报。

(8)每一项测量工作完成后,要及时计算、整理成果并编写实习报告。原始数据、资料、成果应妥善保存,不得丢失。

(四)实习仪器和工具(以小组为单位)

测量实习是测量人员与测量仪器在实习场地相结合的一种特殊活动,测量仪器和必要的工具是测量实习必须配备的。

1. 仪器

DJ_6经纬仪1套、DS_3水准仪1套、30 m或50 m钢尺1把、小平板1套、皮尺1把、花杆2根、测钎2根。

全站仪1套、棱镜1套、小钢尺1把。

2. 工具

记录夹1个、三角板1幅。

3. 耗材

50 cm×60 cm聚脂薄膜和白纸各1张,胶带纸1卷,测量数据记录计算表,红油漆1

桶,毛笔1支,水泥钉1盒,2H和4H铅笔各1支,橡皮1块。

4. 有关技术资料

①《1:500　1:1 000　1:2 000地形图图式》(GB/T 20257.1—2007);②《城市测量规范》(CJJ/T 8—2001);③《工程测量实践指导》;④测区已有控制点资料;⑤测区已有地形图资料。

(五)实习时间安排

实习时间由实习指导教师根据学生专业情况实际安排。时间安排见表3-1。

表3-1　工程测量教学实习时间安排参考表

内容	天数(d)
动员、领取并检校仪器	0.5
地形图测绘(控制3.0 d,地形2 d,修图0.5 d)	5.5
数字化测图	2.0
施工放样	0.5
曲线测设	0.5
编写实习报告、小结、考查	1.0
总计	10

(六)实习报告的编写

实习报告是对实习内容系统化、巩固和提高的过程,是科学研究论文写作的基础,是对综合思维的训练,也是培养和锻炼学生的逻辑归纳能力、综合分析能力和文字表达能力的重要环节。因此,参加实习的每位学生均应及时认真地书写实习报告。报告要求以野外实习资料为依据,要有鲜明的主题,确切的依据,严密的逻辑性,要简明扼要,图文并茂。报告必须是通过自己的组织加工写出来的,严禁抄袭。

(七)考核内容和方式

1. 主要考核内容

1)小组上交资料

(1)全部外业观测记录手簿、控制点成果表、控制网平面图。

(2)水准点位置略图与说明、观测记录手簿、水准点成果表。

(3)地形测量观测手簿、测绘好的地形图。

(4)数字化地形图。

(5)经纬仪、水准仪的检校成果。

2)个人上交资料

(1)平面和高程控制测量的计算成果。

(2)放样数据计算成果。

(3)实习报告。

2. 考核方式

(1)采用"实习成果+具体操作+考勤"的考核方式,各项具体比例由任课教师确定。

(2)成绩评定可分为优、良、中、及格与不及格5个等级。凡违反实习纪律、缺勤天数超过实习总天数的1/3者,未交实习成果资料、实习报告甚至伪造成果者,均作不及格处理。

实习报告(格式)

实习内容____________________

年级专业____________________

学号姓名____________________

指导教师____________________

实习地点____________________

实习时间____________________

填表说明

一、封面

1.“实习内容”一栏填写“××课程实习”或“毕业实习”。

2. 字体用黑体,字号分别为小二、小初、四号。

二、正文

1. 正文字数要求不少于1 500字。

2. 字体用宋体,字号为小四号。

三、实习报告成绩评分表

“成绩”一栏以“优、良、中、及格和不及格”评定。

四、实习报告以A4纸张双面打印,和“实习报告成绩评分表”(该表单独打印)统一装订。

一、实习概况

1. 实习目的

通过实习达到什么目的，解决什么问题。

2. 实习路线和内容

实习单位、实习具体时间安排、行程和内容。

二、实习记录

包括实习行程中指导教师的讲解、实习单位的介绍、与相关人员的交流和自我观察的结果等内容。

三、分析讨论

结合专业，选取实习当中遇到的 2 ~ 3 个问题进行思考，并分析讨论。

四、实习总结

结合学习课程或设计课题的内容，总结实习的收获和存在的问题。

附：实习报告成绩评分表

实习报告成绩评分表

学号姓名		班级专业	
指导教师		成　绩	
指导 教师 评语	教师签名＿＿＿＿＿＿＿ 年　月　日		

二、大比例尺地形图解析法测绘

本实习要求每个小组在指定的测区独立完成一幅 1∶500 的地形图测绘，采用解析测图法。整个测图的工作内容和操作步骤主要包括：①踏勘选点；②平面控制测量；③高程控制测量；④大比例尺地形图的测绘；⑤地形图的拼接、检查和整饰。

（一）踏勘选点

每组在指定的测区进行踏勘，了解是否有已知等级控制点，熟悉测区实测条件。根据测区范围和测图要求确定布网方案进行选点。选点的密度应尽可能均匀分布覆盖整个测区，要求相邻点之间的距离为 30～170 m，相邻导线边长大致相等，导线角尽量避免小于 30°的锐角或接近 180°的平角。控制点的位置应选在土质坚实便于保存标志和安置仪器，通视良好便于测角和量距，视野开阔便于施测碎部之处。如果测区内有已知点，则所选图根控制点应包括已知点。点位确定后，应做好标记并编上点号。

（二）平面控制测量

在测区实地踏勘，进行布网选点后，开始平面控制测量。控制网要求一般布设成闭合导线或附合导线形式。在控制点上进行观测，经过内业计算获得平面坐标。

1. 水平角观测

在每个控制点上用 DJ_6 光学经纬仪观测 2 测回，每测回的精度要求参见工程测量教材。导线网用测回法，角度闭合差的限差为 $\pm 60''\sqrt{n}$（n 为导线的测角数）。

2. 边长测量

导线的边长用检定过的钢尺采取一般测距的方法往、返测量，在平坦地区边长相对误差的限差为 1/3 000，特殊困难地区限差可放宽为 1/1 000。导线全长相对闭合差的限差一般为 1/2 000。有条件的情况下，尽量使用光电测距仪测定边长。

3. 联测

当测区内无已知点时，应尽可能找到测区外的已知控制点，并与本区所设图根控制点进行联测，这样可使各级所设控制网纳入统一的坐标系统，也便于相邻测区边界部分的碎部测量。对于独立测区，也可用罗盘仪测定控制网一个边的磁方位角，并假定一点的坐标作为起算数据。

4. 平面坐标计算

首先校核外业观测数据，在观测成果合格的情况下进行闭合差配赋，然后由起算数据推算各控制点的平面坐标。计算中角度取至秒(s)，边长和坐标值取至厘米(cm)。

（三）高程控制测量

在踏勘的同时布设高程控制网，测定图根点的高程。首级高程控制点可布设在平面控制点上（应包括已知水准点），采用四等水准测量。一般高程控制点，平坦地区采用图根水准测量，布网形式可为附合水准路线、闭合环或结点网，丘陵地区采用三角高程测量，布设形式可为三角高程路线。

1. 水准测量

用 DS_3 水准仪沿路线设站单程施测，各站采用双面尺法进行观测，并取平均值作为该站的高差。图根水准测量的技术指标为视线长度小于 100 m,同测站两次高差的互差不大于6 mm,路线允许高差闭合差为 $\pm 40\sqrt{L}$ mm 或 $\pm 20\sqrt{n}$ mm,式中 L 为以千米(km)为单位的单里程路线长度,n 为测站数。

2. 高程计算

对路线闭合差进行配赋后,由已知高程点推算各图根点高程。观测和计算单位取至毫米(mm),最后结果取至厘米(cm)。

(四)大比例尺地形图的测绘

首先进行测图前的准备工作,按教师指导的方法在各图根点设站测定碎部点,同时展绘地形。

1. 准备工作

在原聚酯薄膜图纸上绘制坐标方格网,纵横线间隔为10 cm,线粗为0.1 mm。要求方格网实际长度与名义长度之差不超过 0.2 mm,图廓对角线长度与理论长度之差不超过0.3 mm。

抄录控制点的平面和高程成果,展绘到图上,要求控制点间的图上长度与坐标反算长度之差不超过0.3 mm。对经纬仪、水准仪等进行检验和校正,技术指标参见相应实验。

2. 测绘方法及要求

测绘方法采用经纬仪测绘法,在每一测站上按照:安置仪器→定向→立尺→观测→记录→计算→展绘碎部点的操作步骤来进行。

要求设站时经纬仪对中误差应小于5 mm,以较远的点作为定向点并在测图过程中随时检查,经纬仪法测图时归零差应小于4′。对另一图根点高程检测的较差应小于0.2H(H 为基本等高距)。跑尺选点方法可由近及远,再由远到近,顺时针方向行进。所有地物和地貌的特征点都应立尺。地形点间距为30 m,视距长一般不得超过80 m。

展绘时应按图式符号表示出居民地、独立地物、管线及垣栅、境界、道路、水系、植被等,各项地物和地貌要素以及各类控制点、地理名称注记等。高程注记至分米(dm),在测点右边,字头朝北。基本等高距取1 m,勾绘等高线。所有地物、地貌应在测站上现场绘制完成。

(五)地形图的拼接、检查和整饰

1. 拼接

每幅地形图应测出图廓外0.5~1.0 cm。与相邻图幅接边时的容许误差:对一般地区而言,主要地物不应大于1.2 mm,次要地物不应大于1.6 mm,对丘陵地区或山区的等高线不应超过1~1.5根。如果实习属于无图拼接,则可不进行此项工作。

2. 检查

先进行图面检查,查看图面上接边是否正确、连线是否矛盾、符号是否错误、名称注记有无遗漏、等高线与高程点有无矛盾,发现问题应及时记录,便于野外检查核对。野外检查时应对照地形图如实地全面核对,例如:图上地物形状与位置是否与实地一致,地物是否遗漏,名称、注记是否正确齐全,等高线的形状、走向是否正确,若发现问题,应设站检查或补测。

3. 整饰

按照大比例尺地形图图式规定的符号，用铅笔对原图进行整饰，整饰的一般顺序为：内图廓线、控制点、独立地物、主要地物、次要地物，高程注记、等高线、植被、名称注记、外图廓线及图廓外注记等。要求达到真实、准确、清晰、美观。

图廓线外上方写明测区名称和图廓号，正下方写明测图比例尺；在图廓线外右下方写明测图班组成员姓名及测图日期。

三、数字测图

数字测图分为三个阶段：数据采集、数据处理和地图数据的输出。首先用全站仪或 GPS RTK 进行实地测量，将野外采集的数据存入存储器里，并在现场绘制地形(草)图，然后回到室内将数据传输到计算机，利用计算机成图软件进行人机交互编辑后生成数字地图，最后控制绘图仪自动绘制地形图。由于测绘仪器测量精度高，而电子记录又如实地记录和处理，所以地面数字测图是几种测图方法中精度最高的一种。

与白纸测图一样，数字化测图可以按照从整体到局部的原则，首先进行平面和高程控制测量，确定图根点的平面坐标和高程，然后根据控制点进行碎部测量；也可以图根控制测量和碎部测量同步进行，称为"一步测量法"。

利用全站仪进行数据采集的大致操作如下：

(1)测站安置仪器。在一个已知测站点 O 上安置全站仪，对中整平，量仪器高。

(2)测站设置。打开全站仪，选择程序模式，首先建立作业文件，然后输入测站点的信息，最后进行后视。

(3)照准目标点，采集目标点的信息。

(一)"一步测量法"野外数据采集

"一步测量法"就是利用全站仪可直接测定各点的坐标和高程，在图根导线选点埋桩后，图根导线控制测量和碎部测量同步进行，施测中采用"草图法"，用草图记录各点的编号和属性，全站仪只记录测点的点号和三维坐标，以后在室内根据点号和草图进行地形图编辑。如图 3-1 所示，A、B、C、D 为已知点，a、b…为图根导线点，1、2…为碎部点。作业步骤如下：

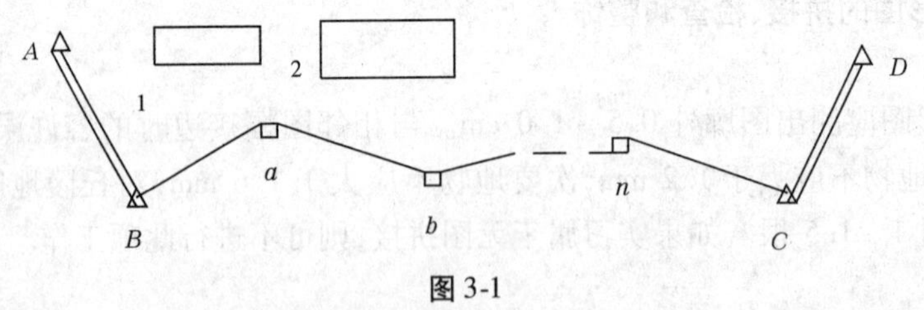

图 3-1

(1)全站仪安置在 B 测站(坐标已知)，后视 A 点，前视 a 点，测量出 a 点的坐标 (X_a, Y_a) 和高程 H_a。

(2)仪器不动，后视 A 点作为起始方向，施测 B 测站周围的碎部点 1、2…各点的坐标和高程。

(3)仪器搬至 a 测站(X_a、Y_a、H_a 已测出)，后视 B 点，前视 b 点，测出 b 点的坐标 X_b、

Y_b 和 H_b 高程，紧接着进行本站的碎部测量。

(4)同理，依次测得各导线点和碎部点的坐标与高程。待导线测到 C 点，则根据 B 点到 C 点的导线测量数据，计算导线纵、横坐标闭合差 f_x、f_y 和高程闭合差 f_h，以及导线全长闭合差 f 和导线全长相对闭合差 K。若在限差范围内，则平差计算出各导线点的坐标值。如有必要(即平差前、后的导线点坐标值相差较大时)，可根据平差后的坐标值重新计算各站碎部点坐标。显然：

$$f_x = x'_c - x_c,\ f_y = y'_c - y_c,\ f_h = h'_c - h_c$$

式中，x'_c、y'_c、h'_c 为 C 点的坐标和高程观测值；x_c、y_c、h_c 为 C 点的已知值。

导线全长闭合差为：$f = \pm\sqrt{f_x^2 + f_y^2}$

导线全长相对闭合差为：$K = \dfrac{1}{\dfrac{\sum D}{f}}$

各点坐标改正值为：$v_{x_i} = -\dfrac{f_x}{\sum D}(D_{Ba} + D_{ab} + \cdots + D_{(i-1)i})$

$$v_{y_i} = -\frac{f_y}{\sum D}(D_{Ba} + D_{ab} + \cdots + D_{(i-1)i})$$

$$v_{h_i} = -\frac{f_h}{\sum D}(D_{Ba} + D_{ab} + \cdots + D_{(i-1)i})$$

改正后各点坐标为：$x_i = x'_i + v_{x_i}, y_i = y'_i + v_{y_i}, h_i = h'_i + v_{h_i}$

下面以 TOPCON GTS－102N 全站仪为例说明操作过程。

(1)按下[MENU]键，一起进入主菜单 1/3 模式，按下[F1](数据采集)键，显示数据采集菜单 1/2，建立数据采集文件。

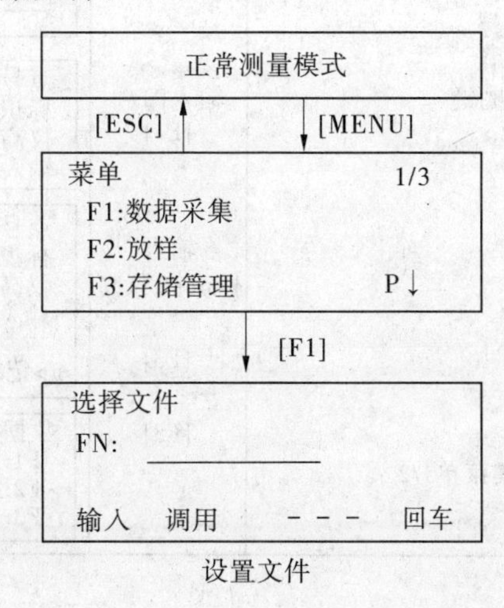

设置文件

(2)在数据采集菜单1/2进行测站点与后视点的设置。

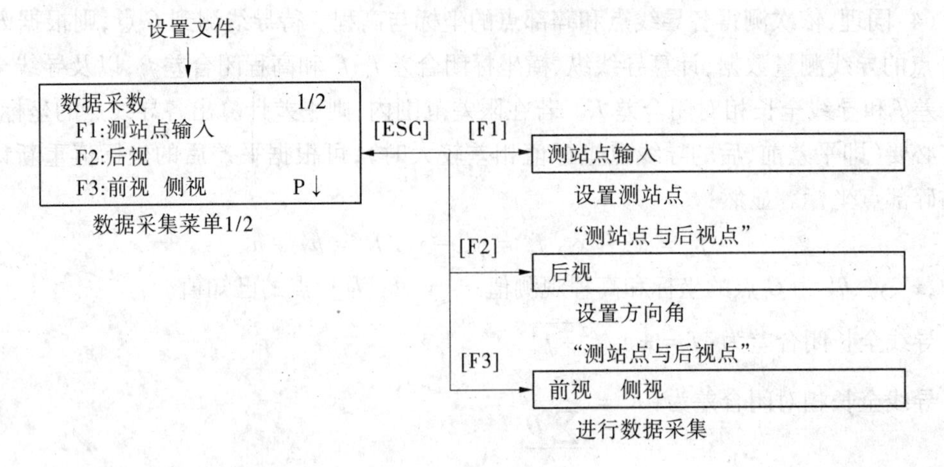

(3)测站点的设置。

操作过程	操作	显示
①由数据采集菜单1/2按[F1](测站点输入)键 即显示原有数据	[F1]	点号 →PT 01 2/2 标识符: 仪高: 0.000 m 输入 查找 记录 测站
②按[F4](测站)键	[F4]	测站点 点号:PT 01 输入 调用 坐标 回车
③按[F1](输入)键	[F1]	测站点 点号:PT 01 --- --- [CLR] [ENT]
④输入PT#,按[F4](ENT)键	输入PT# [F4]	点号: PT11 标识符: 仪高: 0.000 m 输入 查找 记录 测站
⑤输入标识符，仪高	输入 标识符,仪高	点号: PT11 标识符: 仪高: 1.335 m 输入 查找 记录 测站
⑥按[F3](记录)键	[F3]	>记录? [是] [否]
⑦按[F3](是)键 显示屏返回数据采集菜单1/2	[F3]	数据采集 1/2 F1:测站点输入 F2:后视 F3:前视 侧视 P↓

(4)后视定向的设置。

操 作 过 程	操 作	显 示
①由数据采集菜单1/2 按[F2](后视)即显示原有数据	[F2]	后视点→ 编码: 镜高: 0.000 m 输入 置零 测量 后视
②按[F4](后视)键	[F4]	后视 点号: 输入 调用 NE AZ 回车
③按[F1](输入)键	[F1]	后视 点号= --- --- [CLR][ENT]
④输入PT#,按[F4](ENT)键 按同样方法,输入 点编码、反射镜高	输入点号 [F4]	后视点→PT 2/2 编码: 镜高: 0.000 m 输入 置零 测量 后视
⑤按[F3](测量)键	[F4]	后视点→PT 2/2 编码: 镜高: 0.000 m *角度 斜距 坐标 ---
⑥照准后视后 选择一种测量模式并按相应的软键 例:[F2](斜距) 进行斜距测量 根据定向角计算结果设置水平度盘读数 测量结果被寄存，显示屏返回到数据 采集菜单1/2		V : 90° 00′ 0″ IIR: 0° 00′ 0″ SD*[n] <<m >测量--- 数据采集 1/2 F1:测站点输入 F2:后视 F3:前视 侧视 P↓

(5)碎部点的采集。

操 作 过 程	操 作	显 示
		数据采集 1/2 F1：测站点输入 F2：后视 F3：前视 侧视 P↓
①由数据采集菜单1/2 按[F3][前视 侧视]键,即显示原有数据	[F3]	点号→ 编码： 镜高： 0.000 m 输入 查找 测量 同前
②按[F1](输入)键，输入点号后 按[F4](ENT)确认	[F1] 输入点号 [F4]	点号=PT 01 编码： 镜高： 0.000 m [CLR] [ENT]
		点号=PT 01 编码→ 镜高： 0.000 m 输入 查找 测量 同前
③按同样方法输入编码,棱镜高 ④按[F3](测量)键	[F1] 输入编码 [F4] [F1] 输入镜高 [F4] [F3]	点号→PT 01 编码：TOPCON 镜高： 1.200 m 输入 查找 测量 同前 ----------------- 角度 *斜距 坐标 偏心
⑤照准目标点	照准	
⑥按[F1]到[F3]中的一个键 例:[F2](斜距)键 开始测量 测量数据被存储，显示屏变换到下一个 镜点点号自动增加	[F2]	V ： 90° 10′ 20″ HR： 120° 30′ 40″ SD*[n]m <m >测量 ----------------- 完成
		点号→PT 02 编码：TOPCON 镜高： 1.200 m 输入 查找 测量 同前
⑦输入下一个镜点数据并照准该点	照准	
⑧按[F4](同前)键 按照上一个镜点的测量方式进行测量 测量数据被存储 按同样方式继续测量 按[ESC]键即可结束数据采集模式	[F4]	V ： 90° 10′ 20″ HR： 120° 30′ 40″ SD*[n] <m >测量 ----------------- <完成>
		点号→PT 03 编码：TOPCON 镜高： 1.200 m 输入 查找 测量 同前

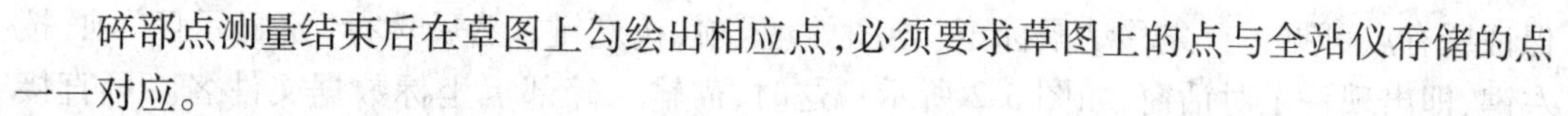

碎部点测量结束后在草图上勾绘出相应点，必须要求草图上的点与全站仪存储的点一一对应。

(二) 内业成图

1. 数据下载

将全站仪内的数据文件传到计算机里。

操 作 过 程	操 作	显 示
①由主菜单1/3按[F3](存储管理)键	[F3]	存储管理 1/3 F1：文件状态 F2：查找 F3：文件维护 P↓
②按[F4](P↓)键两次	[F4] [F4]	存储管理 3/3 F1：数据通讯 F2：初始化 P↓
③按[F1](数据通讯)键	[F1]	数据传输 F1：GTS格式 F2：SSS格式
④选择数据格式 GTS格式:通常格式 SSS格式：包括编码	[F1]	发送数据 F1：测量数据 F2：坐标数据 F3：编码数据
⑤按[F1]键	[F1]	发送测量数据 F1：11位 F2：12位
⑥选择发送数据类型，可按[F1] 至[F3]中的一个键 例:[F1](测量数据)	[F1]	选择文件 FN： 输入调用 --- 回车
⑦按[F1](输入)键，输入待发 送的文件名， 按[F4](ENT)键	[F1] 输入FN [F4]	发送测量数据 >OK? [是][否]
⑧按[F3](是)键， 发送数据， 显示屏返回到菜单	[F3]	发送测量数据! 正在发送数据! > 停止

2. 地形图绘制(采用 CASS 绘图软件)

用“草图法”中的“点号定位法”绘制平面图，把上述数据文件中的碎部点点号展现在屏幕上，利用屏幕测点点号，对照草图上标明的点号、地物属性和连线关系，将每个地物绘出。

1)定显示区

定显示区的作用是根据输入坐标数据文件的数据大小定义屏幕显示区域的大小，以保证所有点可见。首先移动鼠标至“绘图处理”项，按左键，然后选择“定显示区”项，按左键，即出现一个对话窗，如图 3-2 所示。这时，需输入碎部点坐标数据文件名。可直接通过键盘输入，如在“文件(N)：”(即光标闪烁处)输入 C：\CASS9. 0\DEMO\YMSJ. DAT 后再移动鼠标至“打开(O)”处，按左键。也可参考 WINDOWS 选择打开文件的操作方法操作。这时，命令区显示：

最小坐标(m)$X=87.315$，$Y=97.020$

最大坐标(m)$X=221.270$，$Y=200.00$

2)选择测点点号定位成图法

移动鼠标至屏幕右侧菜单区之“坐标定位/点号定位”项，按左键，即出现图 3-2 所示的对话框。

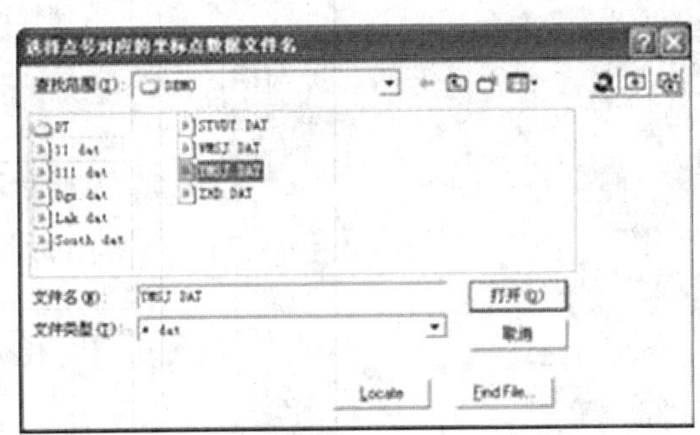

图 3-2　选择测点点号定位成图法的对话框

输入点号坐标点数据文件名 C：\CASS9. 0\DEMO\YMSJ. DAT 后，命令区提示：

读点完成！共读入 60 点。

3)绘平面图

根据野外作业时绘制的草图，移动鼠标至屏幕右侧菜单区，选择相应的地形图图式符号，然后在屏幕中将所有的地物绘制出来。系统中所有地形图图式符号都是按照图层来划分的，例如所有表示测量控制点的符号都放在“控制点”这一层，所有表示独立地物的符号都放在“独立地物”这一层，所有表示植被的符号都放在“植被土质”这一层。

①为了更加直观地在图形编辑区内看到各测点之间的关系，可以先将野外测点点号在屏幕中展出来。其操作方法是：先移动鼠标至屏幕的顶部菜单“绘图处理”项按左键，这时系统弹出一个下拉菜单。再移动鼠标选择“展野外测点点号”项按左键，便出现对话框。输入对应的坐标数据文件名 C：\CASS9. 0\DEMO\YMSJ. DAT 后，便可在屏幕展出野外测点的点号。

②根据外业草图，选择相应的地图图式符号在屏幕上将平面图绘出来。

如草图 3-3 所示，由 33、34、35 号点连成一间普通房屋。移动鼠标至右侧菜单“居民地/一般房屋”处按左键，系统便弹出如图 3-4 所示的对话框。再移动鼠标到“四点房屋”的图标处按左键，图标变亮表示该图标已被选中，然后移鼠标至“OK”处按左键。这时命令区提示：

绘图比例尺 1：输入 1 000，回车。

1. 已知三点/2. 已知两点及宽度/3. 已知四点 <1>：输入 1，回车(或直接回车默认

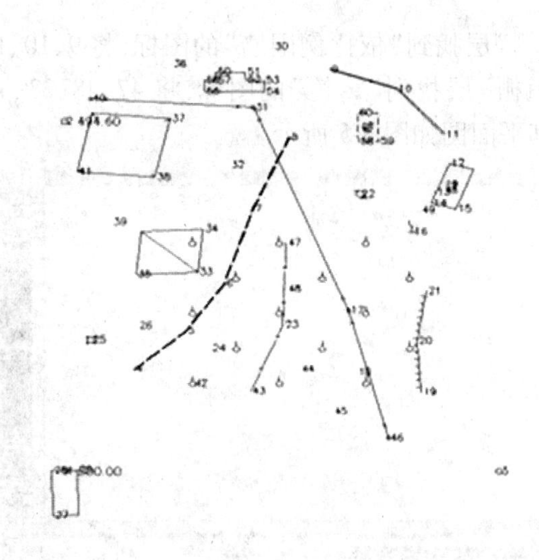

图 3-3　外业作业草图

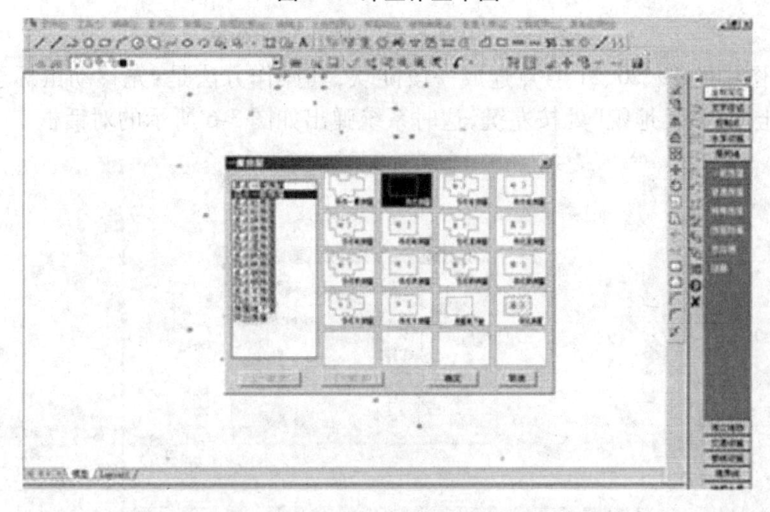

图 3-4　“居民地/一般房屋”图层图例

选 1)。

说明:已知三点是指测矩形房子时测了三个点;已知两点及宽度则是指测矩形房子时测了两个点及房子的一条边;已知四点则是测了房子的四个角点。

点 P/ <点号>输入 33,回车。

点 P/ <点号>输入 34,回车。

点 P/ <点号>输入 35,回车。

这样,即将 33、34、35 号点连成一间普通房屋。

注意:绘房子时,输入的点号必须按顺时针或逆时针的顺序输入,如上例的点号按 34、33、35 或 35、33、34 的顺序输入,否则绘出来房子就不对。

重复上述操作,将 37、38、41 号点绘成四点棚房;60、58、59 号点绘成四点破坏房子;12、14、15 号点绘成四点建筑中房屋;50、52、51、53、54、55、56、57 号点绘成多点一般房屋;27、28、29 号点绘成四点房屋。

同样在“居民地/垣栅”层找到“依比例围墙”的图标，将9、10、11号点绘成依比例围墙的符号；在“居民地/垣栅”层找到“篱笆”的图标，将47、48、23、43号点绘成篱笆的符号。完成这些操作后，其平面图如图3-5所示。

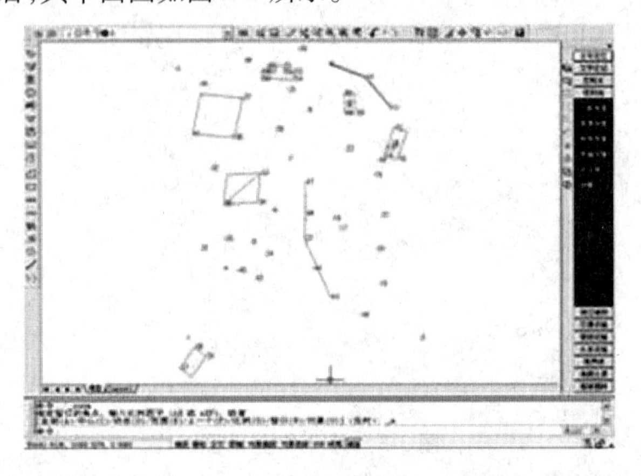

图3-5 用“居民地”图层绘的平面图

再把草图中的19、20、21号点连成一段陡坎，其操作方法是：先移动鼠标至右侧屏幕菜单“地貌土质/人工地貌”处按左键，这时系统弹出如图3-6所示的对话框。

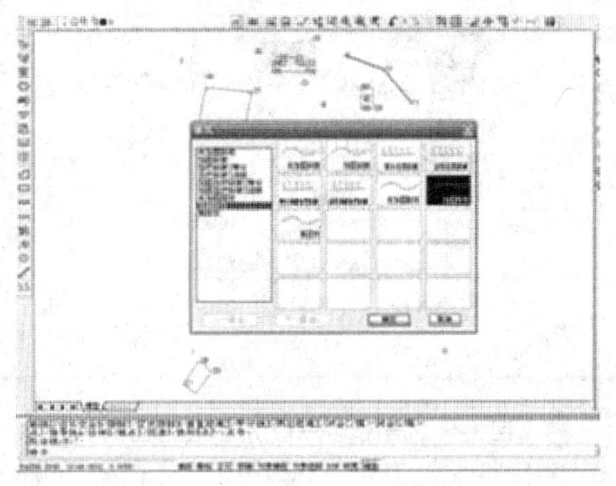

图3-6 “地貌土质”图层图例

移鼠标到表示未加固陡坎符号的图标处按左键选择其图标，再移鼠标到“OK”处按左键确认所选择的图标。命令区便分别出现以下的提示：

请输入坎高，单位：m <1.0>：输入坎高，回车（直接回车默认坎高1 m）。

说明：在这里输入的坎高（实测得的坎顶高程），系统将坎顶点的高程减去坎高得到坎底点高程，这样在建立（DTM）时，坎底点便参与组网的计算。

点P/<点号>：输入19，回车。

点P/<点号>：输入20，回车。

点P/<点号>：输入21，回车。

点P/<点号>：回车或按鼠标的右键，结束输入。

注：如果需要在点号定位的过程中临时切换到坐标定位，可以按“P”键，这时进入坐

标定位状态,想回到点号定位状态时再次按“P”键即可。

拟合吗? <N>回车或按鼠标的右键,默认输入N。

说明:拟合的作用是对复合线进行圆滑。

这时,便在19、20、21号点之间绘成陡坎的符号,如图3-7所示。注意:陡坎上的坎毛生成在绘图方向的左侧。

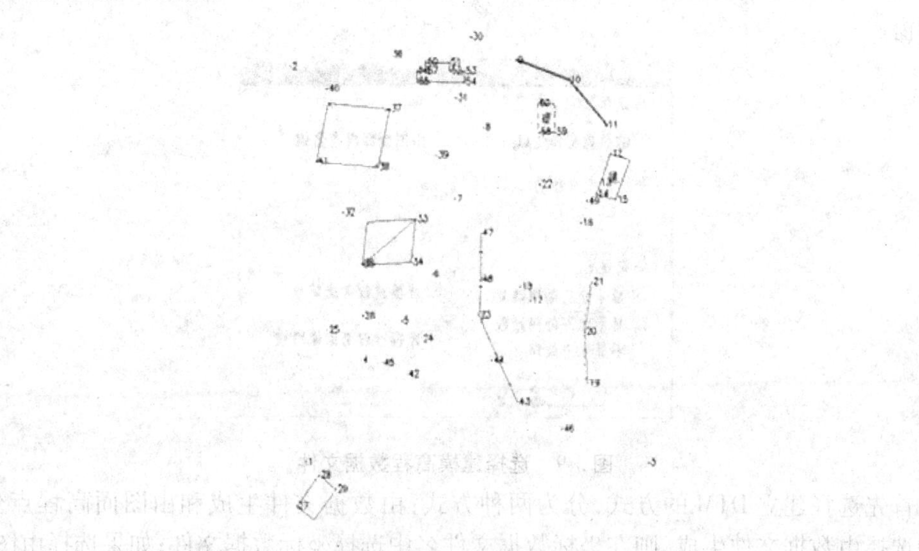

图3-7　加绘陡坎后的平面图

这样,重复上述的操作便可以将所有测点用地图图式符号绘制出来。在操作的过程中,可以套用CAD的透明命令,如放大显示、移动图纸、删除、文字注记等。

4)绘制等高线

在地形图中,等高线是表示地貌起伏的一种重要手段。常规的平板测图,等高线是由手工描绘的,等高线可以描绘得比较圆滑但精度稍低。在数字化自动成图系统中,等高线是由计算机自动勾绘的,生成的等高线精度相当高。CASS 9.0在绘制等高线时,充分考虑到等高线通过地性线和断裂线时情况的处理,如陡坎、陡崖等。CASS 9.0能自动切除通过地物、注记、陡坎的等高线。由于采用了轻量线来生成等高线,CASS 9.0在生成等高线后,文件大小比其他软件小了很多。在绘等高线之前,必须先将野外测的高程点建立数字地面模型(DTM),然后在数字地面模型上生成等高线。

在使用CASS 9.0自动生成等高线时,应先建立数字地面模型。在这之前,可以先“定显示区”及“展点”,“定显示区”的操作与上一节“草图法”中“点号定位”法的工作流程中的“定显示区” 的操作相同,出现图3-2所示界面要求输入文件名时找到该如下路径的数据文件“C:\CASS9.0\DEMO\DGX.DAT”。展点时可选择“展高程点”选项,如图3-8所示下拉菜单。

绘图处理(W)　地籍(J)　土地利

定显示区

改变当前图形比例尺

展高程点

图3-8　绘图处理下拉菜单

要求输入文件名时在“C:\CASS9.0\DEMO\DGX.DAT”路径下选择“打开”DGX.DAT文件后命令区提示:

注记高程点的距离(m):根据规范要求输入高程点注记距离(即注记高程点的密度),回车默认为注记全部高程点的高程。这时,所有高程点和控制点的高程均自动展绘到图上。

①移动鼠标至屏幕顶部菜单“等高线”项,按左键,出现下拉菜单。

②移动鼠标至“建立 DTM”项,该处以高亮度(深蓝)显示,按左键,出现如图 3-9 所示对话窗。

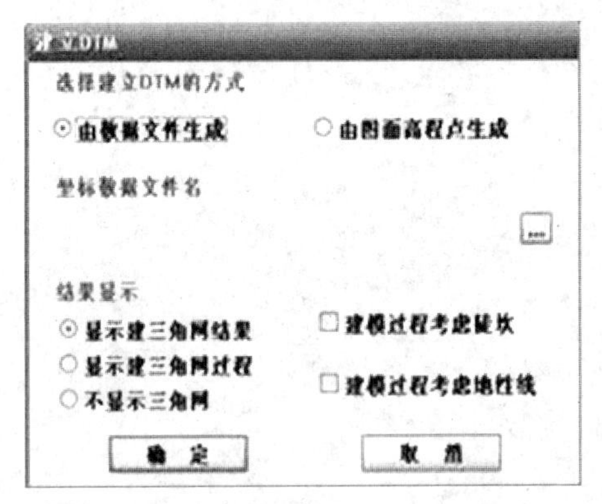

图 3-9　选择建模高程数据文件

首先选择建立 DTM 的方式,分为两种方式:由数据文件生成和由图面高程点生成。如果选择由数据文件生成,则在坐标数据文件名中选择坐标数据文件;如果选择由图面高程点生成,则在绘图区选择参加建立 DTM 的高程点。然后选择结果显示分为三种:显示建三角网结果、显示建三角网过程和不显示三角网。最后选择在建立 DTM 的过程中是否考虑陡坎和地性线。

点击“确定”后生成如图 3-10 所示的三角网。

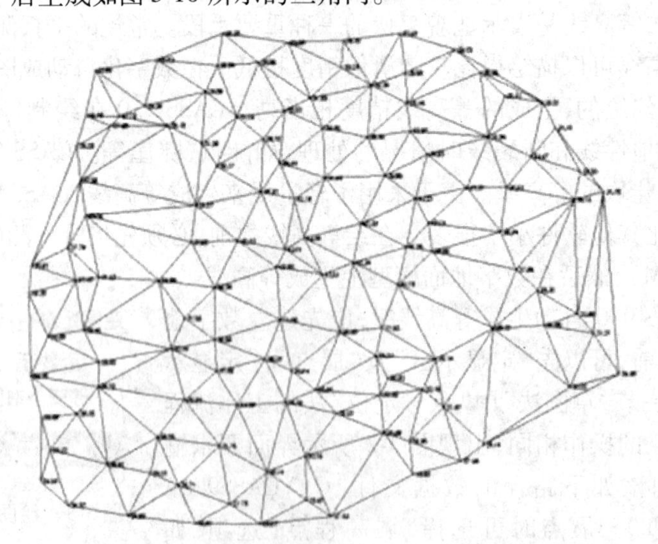

图 3-10　用 DGX. DAT 数据建立的三角网

绘制等高线:用鼠标选择下拉菜单“等高线”—“绘制等高线”项,弹出如图 3-11 所示对话框：

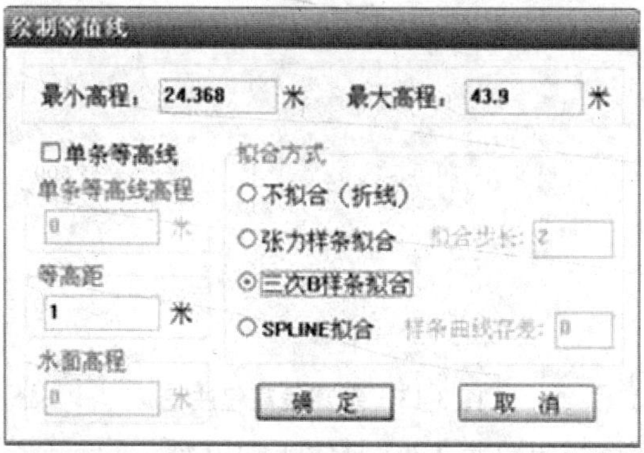

图 3-11　绘制等高线对话框

对话框中会显示参加生成 DTM 的高程点的最小高程和最大高程。如果只生成单条等高线,那么就在单条等高线高程中输入此条等高线的高程;如果生成多条等高线,则在等高距框中输入相邻两条等高线之间的等高距。最后选择等高线的拟合方式,总共有四种拟合方式:不拟合(折线)、张力样条拟合、三次 B 样条拟合和 SPLINE 拟合,一般选择三次 B 样条拟合,然后按“确定”。

当命令区显示：绘制完成！如图 3-12 所示便完成了绘制等高线的工作。

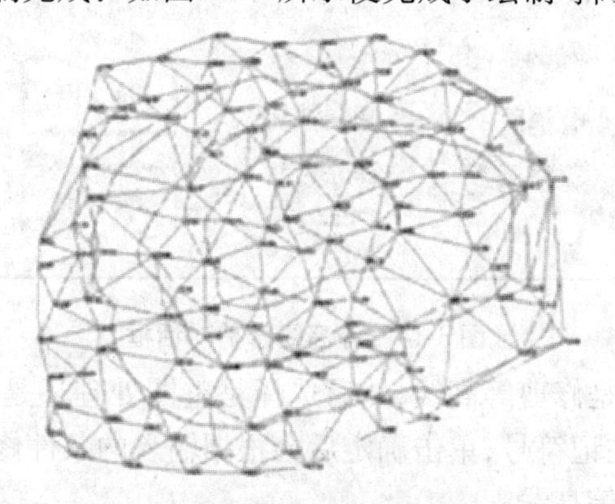

图 3-12　完成绘制等高线的工作

再选择“等高线”菜单下的“删三角网”,删除三角网。

5)等高线的修饰

①注记等高线

用“窗口缩放”项得到局部放大图如图 3-13 所示,再选择“等高线”下拉菜单之“等高线注记”的“单个高程注记”项。

命令区提示：

选择需注记的等高(深)线:移动鼠标至要注记高程的等高线位置,如图 3-13 之位置 A,按左键;

依法线方向指定相邻一条等高(深)线:移动鼠标至如图 3-13 之等高线位置 B,按左键。

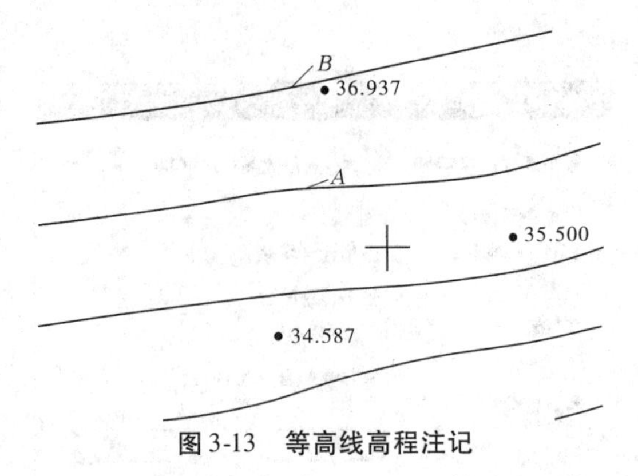

图 3-13　等高线高程注记

等高线的高程值即自动注记在 A 处，且字头朝 B 处。

②等高线修剪

左键点击“等高线/等高线修剪/批量修剪等高线”，弹出如图 3-14 所示对话框。

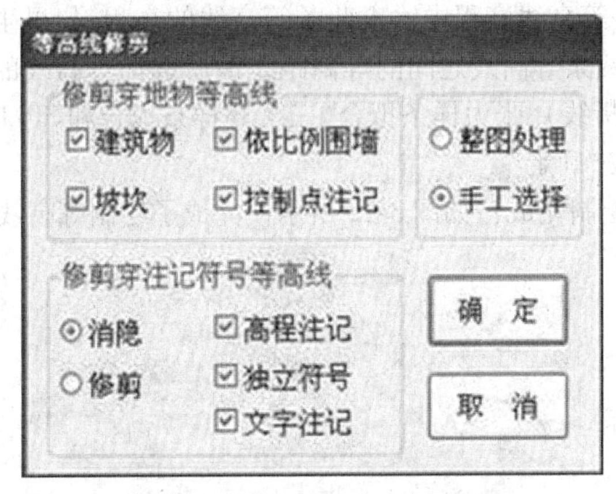

图 3-14　等高线修剪对话框

首先选择是消隐还是修剪等高线，然后选择是整图处理还是手工选择需要修剪的等高线，最后选择地物和注记符号，单击确定后会根据输入的条件修剪等高线。

③切除指定二线间等高线

命令区提示：

选择第一条线：用鼠标指定一条线，例如选择公路的一边。

选择第二条线：用鼠标指定第二条线，例如选择公路的另一边。

程序将自动切除等高线穿过此二线间的部分。

④切除指定区域内等高线

选择一封闭复合线，系统将该复合线内所有等高线切除。注意，封闭区域的边界一定要是复合线，如果不是，系统将无法处理。

⑤等值线滤波

此功能可在很大程度上给绘制好等高线的图形文件减肥。一般的等高线都是用样条拟合的，这时虽然从图上看出来的节点数很少，但事实却并非如此。以图 3-15 高程为 38 的等高线为例进行说明。

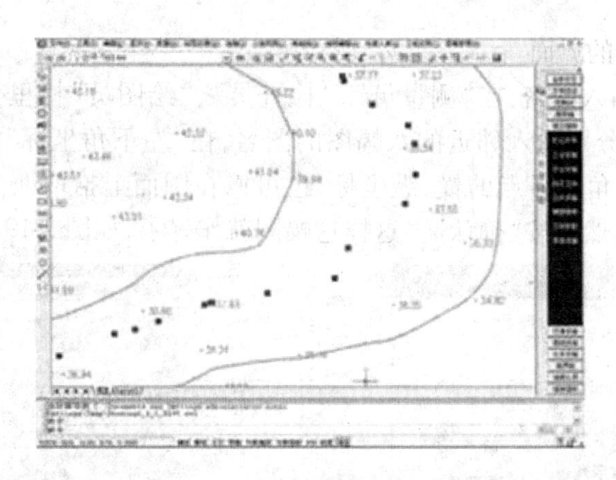

图 3-15　剪切前等高线夹持点

选中等高线，会发现图上出现了一些夹持点，千万不要认为这些点就是这条等高线上实际的点。这些只是样条的锚点。要还原它的真面目，请做下面的操作：

用“等高线”菜单下的“切除穿高程注记等高线”，然后看结果，如图 3-16 所示。

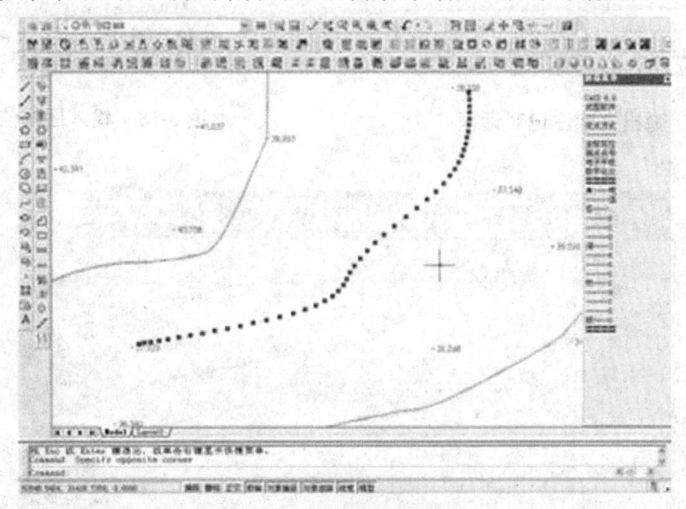

图 3-16　剪切后等高线夹持点

这时，在等高线上出现了密布的夹持点，这些点才是这条等高线真正的特征点，所以如果看到一个很简单的图在生成了等高线后变得非常大，原因就在这里。如果想将这幅图的尺寸变小，用“等值线滤波”功能就可以了。执行此功能后，系统提示如下：

请输入滤波阈值：<0.5 m>这个值越大，精简的程度就越大，但是会导致等高线失真（即变形），因此可根据实际需要选择合适的值。一般选系统默认的值就可以了。

6）加注记

用鼠标左键点取右侧屏幕菜单的“文字注记－通用注记”项，弹出如图 3-17 的界面。

在注记内容中输入内容并选择注记排列和注记类型，输入文字大小，选择注记类型，确定后即可完成注记。

7）加图框

用鼠标左键点击“绘图处理”菜单下的“标准图幅（50×40）”或“标准图幅（50×

50）”，弹出如图 3-18 的界面。

在“图名”栏里输入图名；在“测量员”、“检查员”、“绘图员”栏里分别输入相应人员名字；在“接图表”里分别输入邻近的八幅图的图名，在“左下角坐标”的“东”、“北”栏内分别输入本幅图西南角边界点的横、纵坐标，也可以在图面上拾取西南角点；在“删除图框外实体”栏前打勾，然后按“确认”。这样这幅图就作好了，如图 3-19 所示。

图 3-17　弹出文字注记对话框

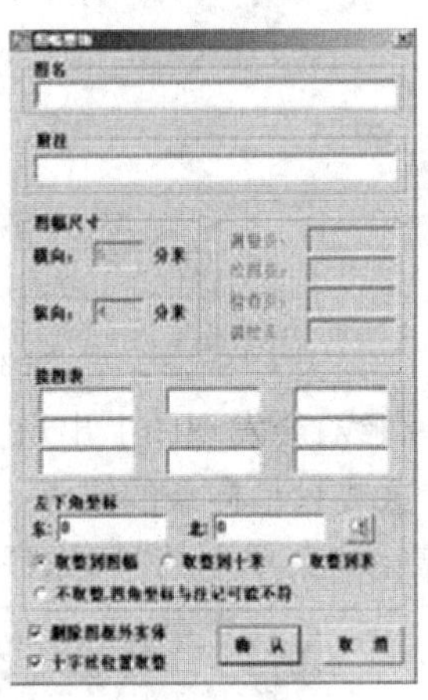

图 3-18　输入图幅信息

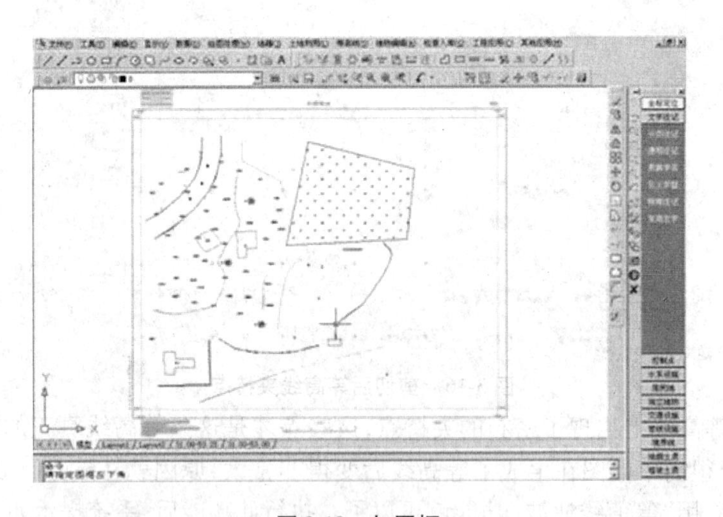

图 3-19　加图框

8）绘图输出

用鼠标左键点取“文件”菜单下的“绘图输出/打印…”，弹出如图 3-20 的界面进行绘图输出。

选好图纸尺寸、图纸方向之后，用鼠标左键点击“窗选”按钮，用鼠标圈定绘图范围。将“打印比例”一项选为“2∶1”（表示满足 1∶500 比例尺的打印要求），通过“部分预览”和“全部预览”可以查看出图效果，满意后就可单击“确定”按钮进行绘图了。

3. 地形图的检查

对成图图面应按规定要求全面进行检查。检查方法为室内检查、实地巡视检查及设

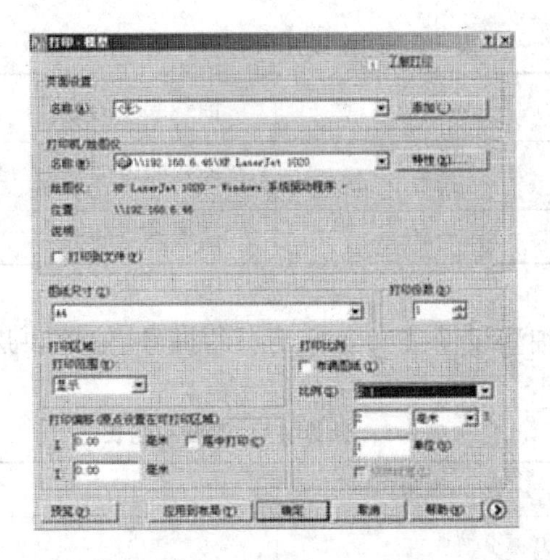

图 3-20　用绘图仪出图

站检查。检查中发现的错误和遗漏应予以纠正和补测。外业仪器检查可以是同精度检查,也可以是高精度检查;可以采用作点法,也可以采用断面法。要求地物点点位中误差和等高线高程中误差应达到《城市测量规范》(CJJ/T 8—2011)的精度要求。

四、施工放样

施工放样要求学生根据图纸设计的建(构)筑物的平面位置和高程,计算出放样数据,按照设计要求以一定的精度在实习场地上标定出点位和高程,作为施工的依据。

(一)圆曲线测设

圆曲线如图 3-21 所示。

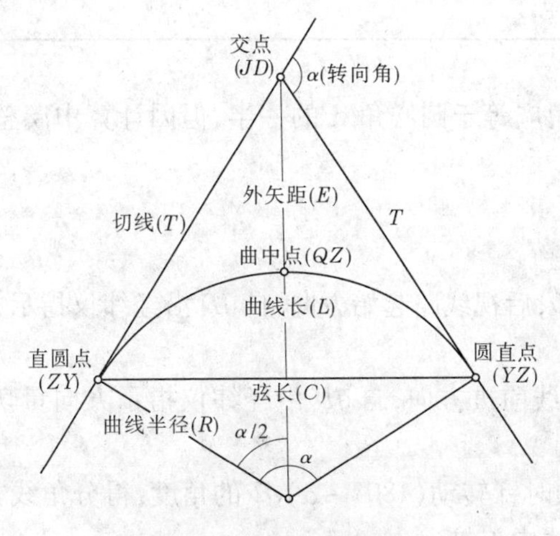

图 3-21　圆曲线示意图

1. 放样数据的计算

(1)已知:$\alpha = 23°36'12''$,$R = 100$ m,转折点里程桩号为 1 + 513.8 m。

(2)圆曲线元素与三主点的桩点(见表 3-2)。

表 3-2　圆曲线元素与三主点的桩点

切线长		曲线起点的桩号	
曲线长		曲线终点的桩号	
外矢距		曲线终点的桩号	

(3)计算偏角法详细测设曲线时各标定点的桩号、偏角和弦长(见表 3-3)。(弧长 $L=5$ m)

表 3-3　计算桩号、偏离和弦长

标定点	桩号	偏角	弦长
曲线起点			
曲线上第 1 点			
曲线上第 2 点			
曲线上第 3 点			
曲线上第 4 点			
曲线上第 5 点			
曲线上第 6 点			
曲线上第 7 点			
曲线上第 8 点			
曲线上终点			

曲线终点的总偏角应等于圆心角 α 的一半,但因计算中凑整关系不能完全相等,不过对测量结果无影响。

2. 圆曲线测设

1)圆曲线主点测设

(1)置经纬仪于 *JD*,后视线路起始方向,自 *JD* 沿经纬仪指示方向量切线长 *T*,打下曲线起点桩。

(2)经纬仪瞄准路线前进方向,自 *JD* 沿经纬仪指示方向量切线长 *T*,打下曲线终点桩。

(3)后视 *YZ* 点,顺时针转动$(180° - \alpha)/2$ 的角度,得分角线方向,沿此方向自 *JD* 点量出外矢距 *E*,打下曲线中点桩。

2)用偏角法进行圆曲线详细测设

(1)在圆曲线起点 *ZY* 点安置经纬仪,完成对中、整平工作,转动照准部,瞄准交点 *JD*(即切线方向),将水平度盘配置为 0°00′00″。

(2)根据计算出的第一点的偏角值大小 Δ 转动照准部,当路线左转时,逆时针转动照准部至水平度盘读数为 $360° - \Delta$;当路线右转时,顺时针转动照准部至水平度盘读数为

Δ;以 ZY 为原点,在望远镜视线方向上量出第一段相应的弦长,定出第一点,设桩。

(3)根据第二个偏角值的大小转动照准部,定出偏角方向。以第一点为圆心,以计算的相应弦长为半径画圆弧,与视线方向相交得出第二点,设桩。

(4)按照上一步的方法依次定出曲线上各个整桩点点位,直至曲中点,若通视条件好,可一直测至圆直点,比较详测和主点测设所得的曲中点、圆直点,进行精度校核。

(5)偏角法进行圆曲线详细测设也可以从圆直点开始,以同样的方法进行测设。但要注意偏角的拨转方向及水平度盘读数,与上半条曲线是相反的。

3)用切线支距法进行圆曲线详细测设

(1)经纬仪架设于 JD 点,转动照准部瞄准 ZY 点(或 YZ 点),制动照准部,转动望远镜进行指挥定向,用钢尺从 ZY 点(或 YZ 点)沿切线方向量取 x_1、x_2……纵距,得垂足点 N_1、N_2……,用测钎在地面做标志。

(2)在垂足上作切线的垂直线,分别沿垂直方向用钢尺量出 y_1、y_2……横距,定出曲线上各细部点。

(3)用以上方法测设的 QZ 点与曲线主点测设时所定 QZ 点比较,作为检核。

(二)线路纵、横断面测量

线路纵、横断面测量是线路工程(如渠道、道路)定测阶段的主要工作之一,其成果及据此绘制的线路纵、横断面图是设计线路中线高程位置及其他施工设计的主要依据。

1. 线路纵断面测绘

1)线路纵断面测量

线路纵断面测量就是中桩高程测量。其任务是测定全部中线桩的高程。观测方法主要有水准测量方法和全站仪测定法。本次实习采用水准仪法,并与全站仪法的结果进行对比。

a. 基平测量:测定水准基点

(1)路线水准点的布设。选一条约 2 000 m 长的路线,沿线路每 400 m 左右在一侧布设水准点,用木桩标定或选在固定地物上用油漆标记。

(2)施测:用 DS_3 型水准仪按四等水准测量要求,进行往返测或单程双仪器高法测量水准点之间的高差(每组测量一段),并求得各个水准点的高程。

(3)精度要求:每组往返观测或单程观测高差闭合差 $f_h \leqslant 20\sqrt{L}$ mm(L 以 km 计)。

b. 中平测量:测定中桩点的高程

(1)在路线和已知水准点附近安置仪器,后视已知水准点(如 BM_1),读取后视读数至毫米(mm)并记录,计算仪器视线高程(仪器视线高程 = 后视点高程 + 后视读数)。

(2)分别在各中桩桩点处立尺,读取相应的标尺读数(称中视读数)至厘米(cm),记录各中桩桩号和其相应的标尺读数,计算各中桩的高程(中桩高程 = 仪器视线高程 - 中视读数)。

(3)当中桩距仪器较远或高差较大,无法继续测定其他中桩高程时,可在适当位置选定转点,如 ZD_1,用尺垫或固定点标志,在转点上立尺,读取前视读数,计算前视点即转点的高程(转点的高程 = 仪器视线高程 - 前视读数)。

(4)将仪器移到下一站,重复上述步骤,后视转点 ZD_1,读取新的后视读数,计算新一站的仪器视线高程,测量其他中桩的高程。

(5)依此方法继续施测,直至附合到另一个已知高程点(如 BM_2)上。

(6)计算闭合差 f_h,当 $f_h \leqslant 50\sqrt{L}$ mm(L 为相应测段路线长度,以 km 计)时,则成果合格,且不分配闭合差。

(7)按此法完成整个路线中桩高程测量。

2)线路纵断面图绘制

根据中桩里程和高程在毫米方格纸(标准图幅宽度为 420 mm 或 297 mm)上绘制线路纵断面图,或计算机 CAD 成图。以中桩里程为横坐标,以中桩高程为纵坐标,按里程增加方向从左向右绘制。高程比例尺为水平比例尺的 10 倍,以突出地面的起伏变化。

2. 线路横断面测量

1)外业观测

线路横断面测量就是测定中桩两侧与线路中线方向正交的横向地面起伏情况。直线段横断面方向为中桩处线路中线的垂直方向;曲线段横断面方向为中桩处线路中线的法线方向。在地势平坦地段,可采用水准仪视距法;若地形起伏较大,宜采用经纬仪视距法;如条件许可,应采用测距仪(全站仪)任意点法。

2)绘制横断面图

横断面图绘在毫米方格纸上或计算机 CAD 成图。水平方向表示平距,竖直方向表示高程,比例尺均为 1∶200。绘制时,以里程增加为准,由下而上、由左至右排列,相邻断面间留一定间距,以便设计、绘制路基断面图。

第四部分　实验报告

实验一　水准仪的认识及使用

(一)水准仪主要操作部件的认识

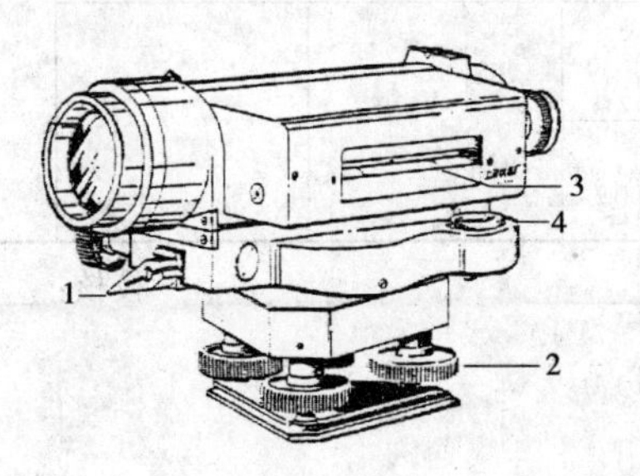

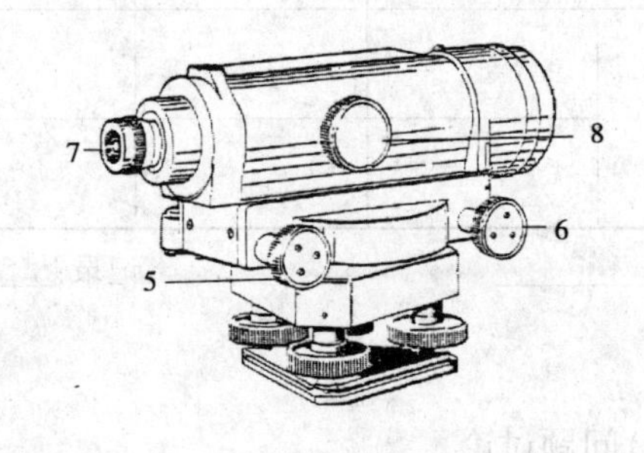

图 4-1　DS_3 型水准仪

按照图 4-1 中序号填写相关内容。

序号	操作部件名称	作　用
1		
2		
3		
4		
5		
6		
7		
8		

（二）水准测量观测记录

仪器编号：__________ 观测组：__________ 天气情况：__________

测站	测点	后视读数（m）	前视读数（m）	高差（m）		备注
				+	-	

观测：__________ 记录：__________ 校核：__________

（三）问题讨论

实验二　普通水准测量

（一）水准测量观测记录

仪器编号：__________　　　　观测组：__________　　　　天气情况：__________

测站	测点	后视读数（m）	前视读数（m）	高差		备注
				+	-	
校核计算						

观测：__________　　　　记录：__________　　　　校核：__________

(二)水准测量的内业计算

点号	距离(km)或测站数	实测高差(m)	改正数(mm)	改正后高差(m)	高程(m)	备注
Σ						
辅助计算						

(三)问题讨论

实验三　水准仪检验与校正

（一）水准仪的主要几何轴线有哪些？它们之间正确的几何关系是什么？

（二）水准管轴与视准轴是否平行的检验与校正

仪器编号:__________　　　　观测组:__________　　　　天气情况:__________

仪器位置	项目	第一次观测	第二次观测	平均值
仪器在 A、B 两点等距离处	A 点尺上读数 a			$h_{AB平均}=$
	B 点尺上读数 b			
	$h_{AB}=a-b$			
仪器在 A 点附近	A 点尺上读数 a'			$h'_{AB平均}=$
	B 点尺上读数 b'			
	$h'_{AB}=a'-b'$			
	$b'_{算}=a'-b_{AB平均}$			
检验结果说明				
校正方法				

观测:__________　　　　记录:__________　　　　校核:__________

（三）问题讨论

实验四　经纬仪的认识及使用

(一)经纬仪主要操作部件的认识。按图 4-2 填表说明

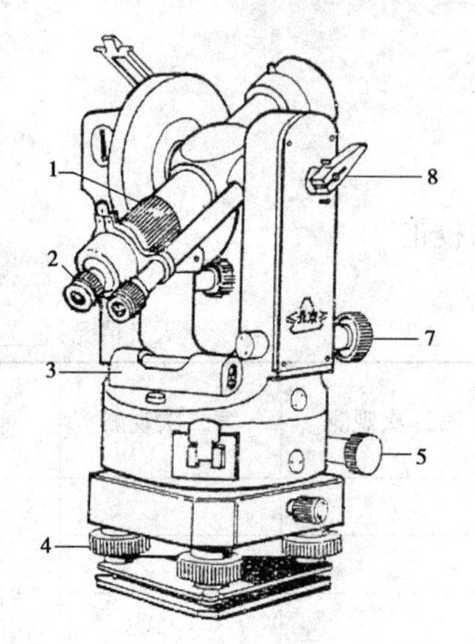

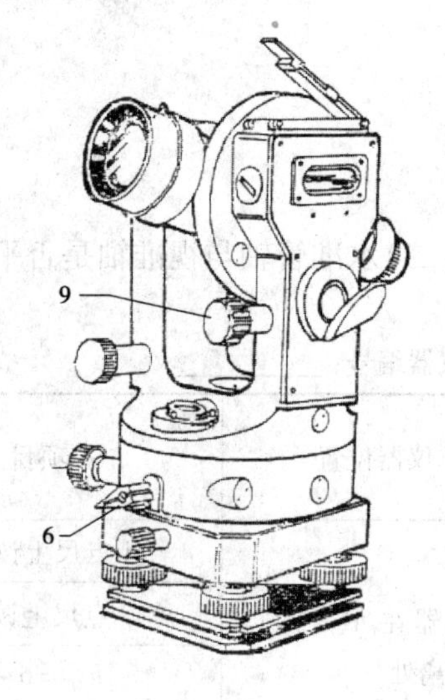

图 4-2　DJ_6 型经纬仪

仪器编号:__________　　　观测组:__________　　　天气情况:__________

序号	操作部件名称	作　用
1		
2		
3		
4		
5		
6		
7		
8		
9		

观测:__________　　　记录:__________　　　校核:__________

(二)如图 4-3 所示写出下图分微尺测微法的读数

水平度盘读数______°______′______″

竖直度盘读数______°____′____″

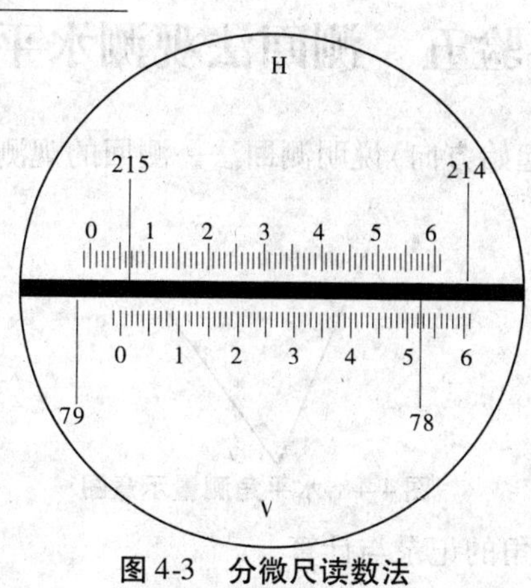

图 4-3　分微尺读数法

（三）观测读数练习

测站	目标	盘左读数		备注

（四）问题讨论

实验五　测回法观测水平角

（一）按图4-4（OA 为起始方向）说明测回法一测回的观测步骤

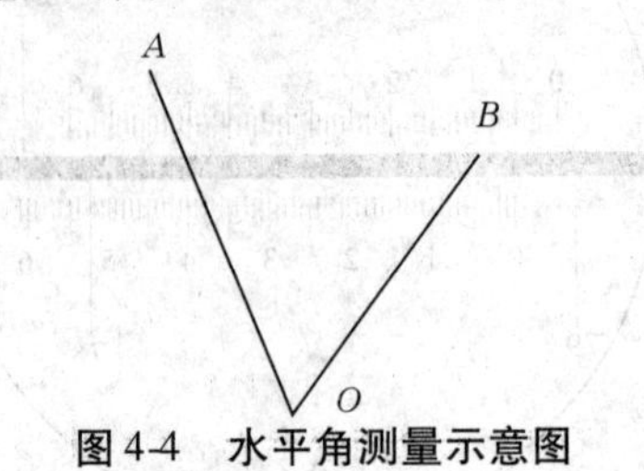

图4-4　水平角测量示意图

（二）测回法观测水平角的记录与计算

仪器编号：__________　　　　观测组：__________　　　　天气情况：__________

测站	盘位	目标	水平度盘 水平方向读数 （°　′　″）	水平角		各测回平均值 （°　′　″）
				半测回值 （°　′　″）	一测回值 （°　′　″）	
O	盘左	A				
		B				
	盘右	A				
		B				

观测：__________　　　　记录：__________　　　　校核：__________

（三）问题讨论

实验六　全圆测回法观测水平角

（一）全圆测回法观测水平角测量的记录与计算

仪器编号：＿＿＿＿＿＿　　观测组：＿＿＿＿＿＿　　天气情况：＿＿＿＿＿＿

测站	观测点	测回数	盘左读数 L (° ′ ″)	盘右读数 R (° ′ ″)	$2c$ (° ′ ″)	$\frac{L+(R\pm180°)}{2}$ (° ′ ″)	起始方向值 (° ′ ″)	归零后方向值 (° ′ ″)	平均方向值 (° ′ ″)	角值 (° ′ ″)

观测：＿＿＿＿＿＿　　记录：＿＿＿＿＿＿　　校核：＿＿＿＿＿＿

（二）问题讨论

实验七　竖直角测量

（一）竖直角测量的记录与计算

仪器编号：__________　　　　观测组：__________　　　　天气情况：__________

测站	目标	竖盘位置	度盘读数（° ′ ″）	竖直角值（° ′ ″）	平均角值（° ′ ″）	指标差 ″	备注
		左					
		右					
		左					$L_{始}$ =
		右					
		左					
		右					

观测：__________　　　　记录：__________　　　　校核：__________

（二）问题讨论

实验八 视距测量

（一）视距测量的记录与计算

仪器编号：＿＿＿＿＿ 观测组：＿＿＿＿＿ 天气情况：＿＿＿＿＿

测 站：＿＿＿＿＿＿＿＿ 仪器高：＿＿＿＿m

点号	尺上读数（m）		视距间隔	竖盘读数（° ′ ″）	竖直角（° ′ ″）	初算高差（m）	改正数（mm）	高差（m）	水平距离（m）
	上丝								
	下丝								
	中丝								
	上丝								
	下丝								
	中丝								
	上丝								
	下丝								
	中丝								
	上丝								
	下丝								
	中丝								

观测：＿＿＿＿＿ 记录：＿＿＿＿＿ 校核：＿＿＿＿＿

（二）问题讨论

实验九 钢尺量距与罗盘仪定向

(一)钢尺量距记录

仪器编号:________ 观测:________ 天气情况:________

线段	往测(m)	返测(m)	往-返(m)	相对误差(1/N)	平均(m)	备注
平均或累计						

(二)磁方位角观测记录

边号	正磁方位角(° ′ ″)	反磁方位角(° ′ ″)	差数(° ′ ″)	平均磁方位角(° ′ ″)	备注

(三)问题讨论

实验十　全站仪的认识及使用

(一)全站仪主要操作部件的认识

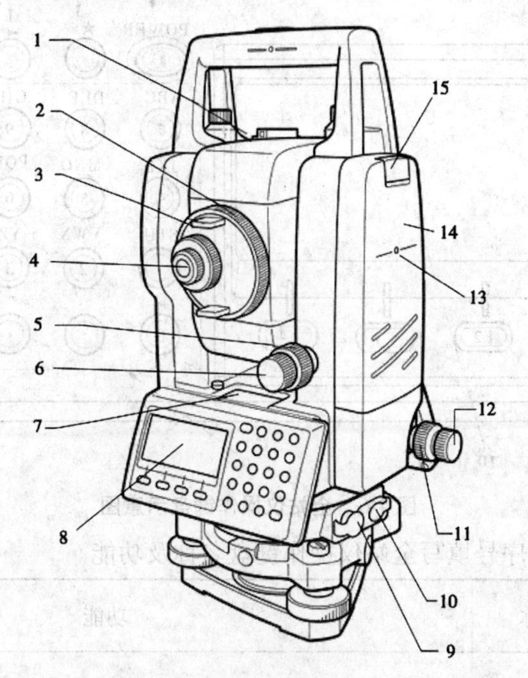

图 4-5　全站仪

请按照图 4-5 上序号填写全站仪的部件名称及作用。

序号	操作部件	作用	序号	操作部件	作用
1			9		
2			10		
3			11		
4			12		
5			13		
6			14		
7			15		
8					

(二)键盘按键功能

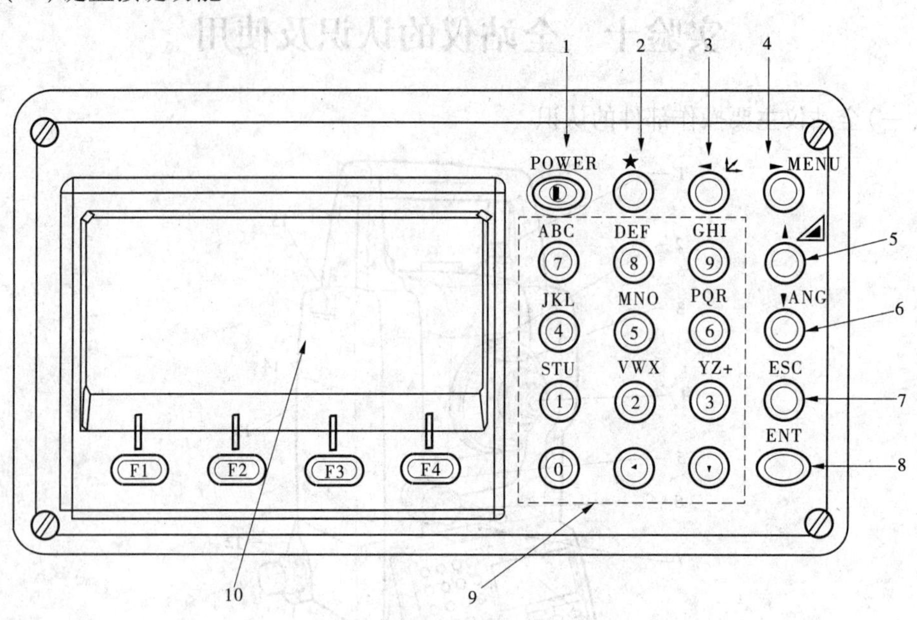

图 4-6　全站仪操作键盘示意图

请按照图 4-6 上序号填写全站仪操作键盘名称及功能。

序号	键盘名称	功能
1		
2		
3		
4		
5		
6		
7		
8		
9		
10		

（三）使用练习

仪器编号：__________　　观测组：__________　　天气情况：__________

测　　站：__________　　仪器高：__________　　觇 标 高：__________

测站点	水平角 (° ′ ″)	竖直角 (° ′ ″)	斜距 (m)	平距 (m)	高差 (m)	X(m)	Y(m)	Z(m)

观测：__________　　记录：__________　　校核：__________

（四）问题讨论

实验十一　经纬仪导线测量及内业计算

（一）导线测量外业记录表

日期：______年______月______日　　天气：______仪器型号：______组号：______

观测者：__________　　　　　　　　　记录：__________　　　　　　　　　参加者：__________

测点	盘位	目标	水平度盘读数 (°　′　″)	水平角		示意图及边长
				半测回值 (°　′　″)	一测回值 (°　′　″)	
						边长名：
						往 1 =　　m
						返 1 =　　m
						平均 =　　m
						边长名：
						往 2 =　　m
						返 2 =　　m
						平均 =　　m
						边长名：
						往 3 =　　m
						返 3 =　　m
						平均 =　　m
						边长名：
						往 4 =　　m
						返 4 =　　m
						平均 =　　m
						边长名：
						往 5 =　　m
						返 5 =　　m
						平均 =　　m
校核	内角闭合差 $f=$					

（二）闭合导线坐标计算表

点号	左角			方位角 （°　′　″）	边长 D（m）	增量计算值（m）		改正后增量（m）		坐标（m）	
	观测角 （°　′　″）	改正数 （″）	改正后值 （°　′　″）			Δx	Δy	$\Delta x'$	$\Delta y'$	x	y
A											
B											
1											
2											
3											
4											
5											
A											
B											
Σ											

实验十二　全站仪控制测量

（一）全站仪坐标测量模式的操作过程

（二）导线计算

<table>
<tr><th rowspan="2">点号</th><th colspan="3">观测值</th><th colspan="3">改正数</th><th colspan="2">坐标值</th><th rowspan="2">备注</th></tr>
<tr><th>x</th><th>y</th><th>z</th><th>Δx</th><th>Δy</th><th>Δz</th><th>X</th><th>Y</th></tr>
<tr><td></td><td></td><td></td><td></td><td></td><td></td><td></td><td></td><td></td><td></td></tr>
<tr><td></td><td></td><td></td><td></td><td></td><td></td><td></td><td></td><td></td><td></td></tr>
<tr><td></td><td></td><td></td><td></td><td></td><td></td><td></td><td></td><td></td><td></td></tr>
<tr><td></td><td></td><td></td><td></td><td></td><td></td><td></td><td></td><td></td><td></td></tr>
<tr><td></td><td></td><td></td><td></td><td></td><td></td><td></td><td></td><td></td><td></td></tr>
<tr><td></td><td></td><td></td><td></td><td></td><td></td><td></td><td></td><td></td><td></td></tr>
<tr><td></td><td></td><td></td><td></td><td></td><td></td><td></td><td></td><td></td><td></td></tr>
<tr><td>Σ</td><td></td><td></td><td></td><td></td><td></td><td></td><td></td><td></td><td></td></tr>
</table>

（三）问题讨论

实验十三　四等水准测量

（一）四等水准测量观测记录

测站编号	仪器编号：			观察组：				天气情况：		
	后尺	下丝	前尺	下丝	方向及尺号	水准尺读数(m)		K+黑-红(mm)	高差中数(m)	备注
		上丝		上丝		黑面	红面			
	后视距(m)		前视距(m)							
	前后视距差(m)		累计差(m)							
					后					
					前					
					后-前					
					后					
					前					
					后-前					
					后					
					前					
					后-前					
					后					
					前					
					后-前					
					后					
					前					
					后-前					
					后					
					前					
					后-前					
校核计算										

观测：__________　　　　记录：__________　　　　校核：__________

（二）四等水准测量结果计算（高程计算）

序号	点名	方向	高差观测值（m）	测段长（km）或测站数 n	高差改正数（mm）	高差最或然值（m）	高程（m）
	Σ						
	辅助计算						

（三）问题讨论

实验十四 GPS的认识及使用

(一)GPS 接收机结构及组成

(二)GPS 静态接收机在测站上的操作步骤

(三)问题讨论

实验十五　经纬仪测绘法测绘地形图

（一）碎部测量记录与计算

测区：______　　日期：______　　天气：______　　观测者：______　　记录者：______

测站：______　　定向点：______　　测站高程：______ m　　仪器高：______ m

测点	水平角 (° ′ ″)	尺上读数 (m)		视距间隔 L(m)	竖盘读数 (° ′ ″)	竖直角 (° ′ ″)	高差 (m)	水平距离 (m)	测点高程 (m)	备注
		中丝	下丝							
			上丝							

（二）绘制比例尺为 1∶500 的地形图（另附图纸）

（三）问题讨论

实验十六　数字化测绘地形图

(一)全站仪碎部测量测站与后视点设置方法

(二)全站仪在测站点进行野外数据采集与记录的方法

(三)问题讨论

实验十七 地形图的识读与应用

(一)在野外如何利用有方位目标的独立地物或线状地物进行目估定向?

(二)地形图的应用及等高线勾绘

根据以下给出的地形图(图 4-7)进行量算和等高线的勾绘。

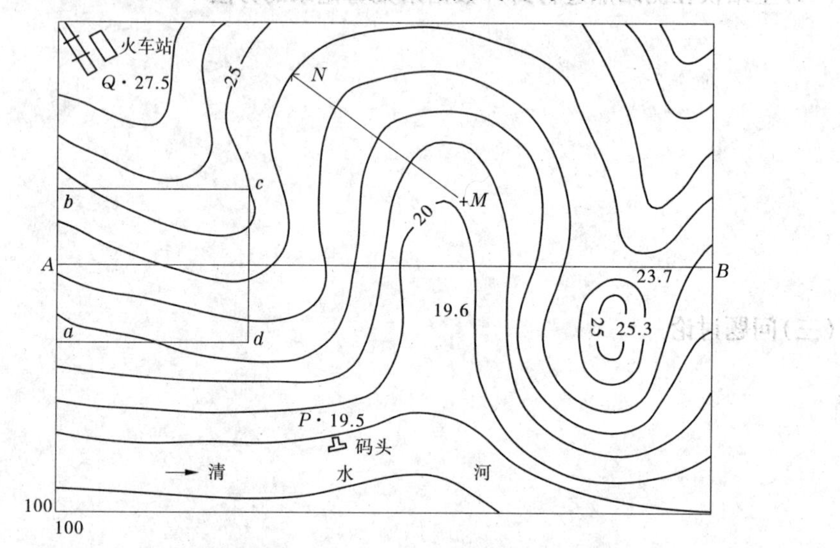

图 4-7 地形图室内应用原图

1. 根据图 4-7 完成以下项目:

(1)求下列各项:

X_N = Y_N = X_M =

H_N = H_M = 坡度 i_{MN} =

直线 MN 的平距 d_{MN} = 方位角 α_{MN} =

(2)试从码头 P 点选定一坡度为 8% 的公路至火车站 Q 点。

①求坡度为 8% 的路线经过相邻两等高线间的水平距离 d;

②在地形图上定出公路路线(直接画在地形图上)。

(3)平整土地。根据填挖相等的原则确定图 4-7 中 a、b、c、d 范围内的设计高程,绘制填挖边界线,用方格法估算填挖土方量。

(4)绘出沿直线 AB 方向的断面图(比例尺:平距为 1∶1 000,高程为 1∶100)。

2. 根据图 4-8 完成下列项目:

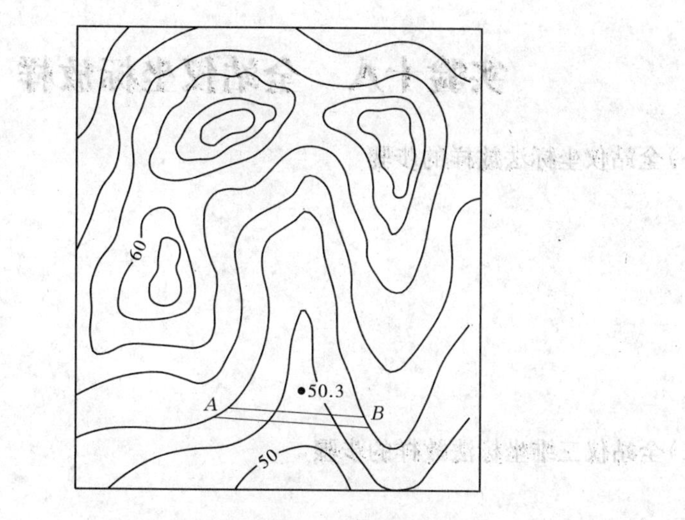

图 4-8　计算水面面积和库容用图

(1)若在谷地的狭窄处 AB 筑一水坝,试绘出谷地与水坝 AB 间的汇水面积的边界线。

(2)若水面高程为 54 m,试用透明方格纸法或求积仪法求水面面积和库容(库底的高程为 50.3 m)。

3. 根据图 4-9 完成下列项目:

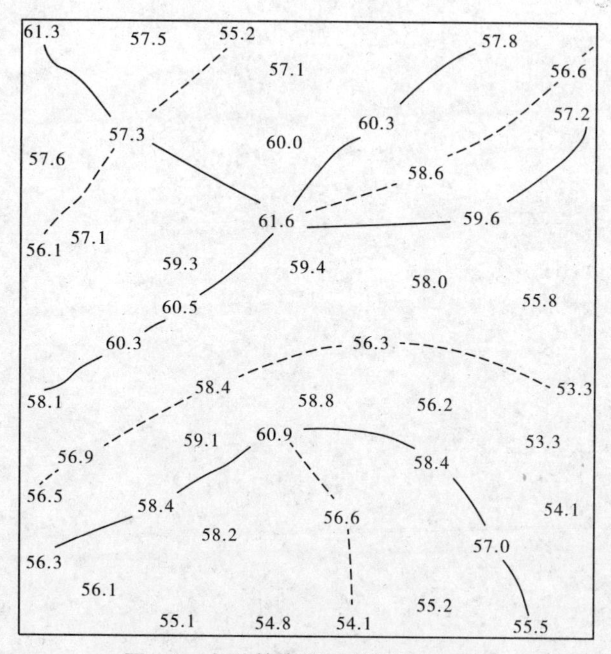

图 4-9　勾绘等高线图(等高距 1 m)

用高程内插法(目估)勾绘出相应的等高线,基本等高距为 1 m(实线为山脊线,虚线为山谷线)。

实验十八　全站仪坐标放样

（一）全站仪坐标法放样的步骤

（二）全站仪三维坐标法放样的步骤

（三）问题讨论